本书获得国家自然科学基金（61174109、61640312）、教育部数字社区、北京市轨道交通实验室和计算智能与智能系统北京重点实验室的资助

间歇过程统计建模及故障监测研究

针对数据多阶段特性

常　鹏◎著

U0313234

知识产权出版社

全国百佳图书出版单位

图书在版编目（CIP）数据

间歇过程统计建模及故障监测研究：针对数据多阶段特性/常鹏著.
—北京：知识产权出版社，2019.5
ISBN 978-7-5130-6229-9

Ⅰ．①间…　Ⅱ．①常…　Ⅲ．①微生物—发酵—过程控制—研究
Ⅳ．①TQ920.6

中国版本图书馆 CIP 数据核字（2019）第 080026 号

内容提要

间歇过程是生物制药、精细化工和食品饮料行业中的主要生产方式，但是也因其间歇式的特点，存在着周期性批量生产、物料状态和操作参数呈现动态性、工艺控制要求高等特点。发酵过程是一种典型的间歇过程，发酵过程关乎经济发展和人民生活水平的提高，生物制药是国务院确立的七大战略性新兴产业之一，在京津冀一体化中将起到重要的支撑作用。本书围绕生物发酵过程的批次不等长特性、动态特性和多阶段特性，研究以往方法在进行监测时存在的问题，通过建立高效高精度过程监测模型，降低监测的误报率和漏报率，保障运行安全，做到及时捕捉发酵过程中各检测变量的变化，若发现监测故障，及时通知工作人员，工作人员通过调整发酵环境或暂停生产，尽可能提高产物质量、稳定生产或者减少损失，进而减少能源消耗和资源浪费。研究成果一旦获得推广，会极大地提高发酵过程生产的安全性，减少事故的发生和资源的浪费，创造较大的经济效益和社会效益。

责任编辑：张水华	责任校对：谷　洋
封面设计：邵建文　马倬麟	责任印制：孙婷婷

间歇过程统计建模及故障监测研究——针对数据多阶段特性
常　鹏　著

出版发行：知识产权出版社 有限责任公司	网　　址：http://www.ipph.cn
社　　址：北京市海淀区气象路 50 号院	邮　　编：100081
责编电话：010-82000860 转 8389	责编邮箱：miss.shuihua99@163.com
发行电话：010-82000860 转 8101/8102	发行传真：010-82000893/82005070/82000270
印　　刷：北京九州迅驰传媒文化有限公司	经　　销：各大网上书店、新华书店及相关专业书店
开　　本：720mm×1000mm　1/16	印　　张：17
版　　次：2019 年 5 月第 1 版	印　　次：2019 年 5 月第 1 次印刷
字　　数：280 千字	定　　价：69.00 元

ISBN 978-7-5130-6229-9

摘 要

间歇过程是生物制药、精细化工和食品饮料行业中的主要生产方式，但是因其间歇式的特点，存在着周期性批量生产、物料状态和操作参数呈现动态性、工艺控制要求高等特点。发酵过程是一种典型的间歇过程，发酵过程关乎经济发展和人民生活水平的提高，生物制药是国务院确立的七大战略性新兴产业之一，在京津冀一体化中将起到重要的支撑作用。本书围绕生物发酵过程的批次不等长特性、动态特性和多阶段特性，研究以往方法在进行监测时存在的问题，通过建立高效高精度过程监测模型，降低监测的误报率和漏报率，保障运行安全，做到及时捕捉发酵过程中各检测变量的变化，若发现监测故障，及时通知工作人员，工作人员通过调整发酵环境或暂停生产，尽可能地提高产物质量、稳定生产或者减少损失，进而减少能源消耗和资源浪费。研究成果一旦获得推广，会极大地提高发酵生产过程的安全性，减少事故的发生和资源的浪费，创造较大的经济效益和社会效益。

本书的主要研究内容如下：

（1）研究一种基于 AP 聚类的阶段划分方法。

针对间歇过程的多阶段特性，采用 AP 聚类算法，此算法在进行过程阶段划分时无需过程的先验知识，通过将 S 准则引入 AP 聚类的迭代过程中，从而达到精确阶段划分的效果。在每个子阶段内建立监测模型更符合实际操作进程或过程的机理特性，同时阶段划分可以达到局部线性化的效果。

（2）提出一种多变量自回归主元分析（MAR – PCA）算法。

间歇生产过程数据，由于系统本身存在时滞特性、闭环控制和扰动，大多数过程变量都呈现出动态特性，即不同时刻的采样之间时序相关，此时如果依然采用传统主元分析算法，那么得到的主元得分会时序自相关，甚至各主元间互相关，进一步造成故障的误报率增加。

（3）研究基于信息传递的采样点阶段归属判断。

研究故障监测时新时刻采样点的最佳模型选择问题，引入信息度传递实现实时采样点的阶段归属判断，解决阶段不等长批次的最佳模型选择问题，做到新时刻采样点能落入对应的实际操作阶段，从而选取相对应阶段的监测模型实现实时样本点的监测。

（4）提出子阶段自回归主元分析发酵过程故障监测方法。

将单变量过程的时序分析方法拓展到多变量情形，区别具有强动态性的过渡阶段及平稳的稳定阶段，对其分别建立自回归主元分析（Auto Regression - Principal Component Analysis，AR - PCA）模型以及多向主元分析（Multiway Principal Component Analysis，MPCA）模型，以消除过渡阶段的动态性，有效降低过程监测的误报率和漏报率。

（5）大肠杆菌发酵现场试验研究。

将本书研究内容应用于实际生产过程，借助于大肠杆菌发酵实验检验所用研究方法的合理性及有效性。结果表明，本书所提出的方法较传统方法可有效降低故障的误报率和漏报率，有着更加可靠的监测性能，可以很好地指导操作人员及时发现并有效排除故障。

关键词：发酵过程；批次加权；阶段归属；AR - PCA；故障监测

Abstract

The fermentation process is the most promising branch of biological field, Bio – fermentation technology has played an increasingly important role in modern food, medicine and other high value – added processing industry. Bio fermentation industry will become one of the leading pillars of China's national economic development in the next few years. But the development of technology is a double – edged sword, many safety problems also highlight one by one, while the vigorous development of fermentation technology bring considerable changes for our production and life, this forcing people to pay more and more attention to the safety and reliability of the production process. Therefore, in order to improve the maintainability and security of fermentation process, and improve the quality of products, the production process is in urgent need for fault monitoring, capturing the change of each detection variables immediately, feeding the abnormal situation up the operator, making disposal timely, guaranteeing the continuity, stability and safety of fermentation process.

This topic analyzed multi stage characteristics and dynamic characteristics of fermentation process deeply, and for the defects of traditional methods for process monitoring, to study a novel online monitoring algorithm for fermentation process, to reduce the leaking alarm rate and nuisance alarm rate of process monitoring.

(1) Implementation of the batch weighted soft classifying based on Affinity Propagation Clustering.

For the multiphase property and slow time – varying characteristics inherent in the fermentation process, analyzing the relationship between stable phase and transition process deeply, on the basis of AP realize hard division for stage based on single batch, fusing multiple batches data by introducing Inverse Distance Weighted, avoiding the limitation of a single batch as the input of AP cannot represent the stage characteristics of the entire production process, to achieve a reasonable division of the transition phase.

(2) Research on the stage attribution of real time sampling points based on information transmission.

Study on the selection of the optimal model of the new time sampling point for online monitoring, information transmission is introduced to determine the stage attribution of real time sampling points, and to solve the problem of optimal model selection for unequal length batch, realizing the new time sampling points can fall into the corresponding actual operation stage, and to select monitoring model corresponding to the stage to realize the monitoring of real-time sampling point.

(3) Extraction of sub – phase Auto Regression-Principal Component Analysis fault monitoring method for fermentation process.

The time series of single variable process analysis method is extended to the multivariate case, distinguishing the stable stage and transition process with strong dynamic property. After that AR-PCA and MPCA model was established for the transition phase and the stable phase respectively, while eliminating the dynamic of transition phase, can effectively reduce leaking alarm and false alarm.

(4) Field experiment study on the fermentation of Escherichia coli.

Applying the proposed method in this book to the actual production process, and to validate the rationality and validity of this method with the help of Escherichia coli fermentation experiment. The result indicated that this method can effectively reduce the leaking alarms and nuisance alarms than the traditional method, having more reliable monitoring performance, and can be a good practice guide for the operator to find and remedy fault in a timely and effective manner.

Keywords: Fermentation Process; Batch Weighted; Stage Attribution; AR-PCA; Online Monitoring

目　　录

第1章　绪　论

1.1　本书研究背景及意义

1.1.1　本书研究背景

《国民经济和社会发展第十二个五年规划纲要》明确指出，把生物产业作为重点培育的战略新兴产业之一。发酵产业是生物工程领域最具潜力的分支，生物发酵技术在现代食品、医药等高附加值产业中所发挥的作用越来越大。2014年7月，全国发酵工程技术工作委员会工作会议在京召开，会议强调了行业创新的重要性，要求把发酵产业发展的重点放在加强行业创新能力建设、推动行业淘汰落后产能以及节能减排上。中国轻工业联合会科技环保部主任于学军也指出，国家关于生物发酵行业技术改造的支持重点是安全和节能减排。经过"十二五"的建设，生物发酵产业正受到政府的高度重视，在未来几年内生物发酵产业将成为我国国民经济发展的主要支柱之一。

近年来，我国发酵产业技术创新能力不断增强，很多高尖端的研究成果和具有自主知识产权的发酵新技术产品层出不穷。中国生物发酵产业协会理事长石维忱指出，企业研发投入平均约占销售收入的4.3%，最高可达10%，明显高于其他食品企业的研发投入水准。另外，生物发酵企业取得的专利成果数目也在稳步增长，从而引领行业技术装备不断改善，产业规模持续壮大。这一结论在中国轻工业联合会副会长钱桂敬的数据介绍中得到印证：我国生物发酵产业是全球最大的板块，已逐步成为一个完备的现代生产体系，谷氨酸、赖氨酸、柠檬酸、麦芽糖浆、黄原胶、结晶葡萄糖、低聚异麦芽糖、葡萄糖酸钠、木糖醇、衣康酸等产品的产量和单一企业规模已达世界之最。与此同时，"京津冀"作为我国规划的主要经济区之一，被普遍认为是我国经济发展的"第三极",是城市布局最聚集、综合实力最强的地区之一,鉴于京津冀的重要经济战略地位和经济区建设的需求,在雄厚的技术实力背景下,涉及医药、食品等关乎经济发展和人民生活水平的发酵产业在此得到了长足发展,尤其是基因工程技术在发酵产业中的应用,使得制药产业等生命科学的生产方式发生了重大变革。

但技术的发展是一柄双刃剑,发酵产业的繁荣在为我们的生产生活带来可观变化的同时,其存在的诸多安全性问题也逐一凸显,这迫使人们对生产过程的安全性和可靠性越来越重视。由于现有的发酵过程监测方式还不能及时发现故障,轻者导致产率低下、产品质量降低,重者造成生产失败,浪费大量原料,造成严重经济损失。更甚者,如果有不合格产品流向市场,将会对社会造成不可估量的危害。因此,为了提高发酵过程的安全性和可维护性,同时提高产物质量,急切需要对发酵过程进行异常监测,做到及时捕捉发酵过程各检测变量的变化,将异常情况反馈给操作人员和控制系统,以便做出及时处置,保障发酵过程的持续稳定安全运行。

1.1.2　本书研究意义

发酵过程属于典型的间歇过程,其与连续过程有着明显的区别,其中,生产产品变更与工艺操作条件的时常改变是发酵过程的正常活动方式。发酵过程不会一直处于某一稳定工作点,并且通常呈现时变特性、动态性和强非线性,其操作难度远大于连续过程。此外,产品质量极易受到原材料质量状态、设备状况、外部环境等不确定性因素的影响,难以实现在线测量。发酵过程的测量数据是三维形式(时间×变量×批次),这在很大程度上增加了过程监测的难度,使得传统适用于二维数据的监测方法无法得以应用。以上所面临的问题与工业过程迫切需求之间的矛盾,极大地推动着新兴技术的产生及发展。

传感器技术以及计算机技术的发展,使得发酵过程积累了丰富的历史生产数据。这些数据中蕴藏着大量的过程信息,如加以合理分析及应用便可以极大促进发酵过程的安全稳定,提高产品质量,减少事故发生。在过去的几十年中,基于数据驱动的多元统计过程监测(Multivariate Statistic Process Monitoring,MSPM)方法在发酵过程故障监测和诊断、质量预测等领域得到了广泛的关注。相对于故障诊断,MSPM涉及的范畴更广,其更注重对整个过程生产流程的诊断，属于质量控制的范畴。它以提高系统运行过程的可靠性及安全性、保证产品质量为主要目的，是以过程监测、故障检测、故障识别、故障诊断、故障排除以及质量预测为核心的一门新兴边缘性学科。

本书针对发酵过程监测所面临的两个典型问题展开研究：①多阶段特性的存在使得传统对整个生产过程建立单一监测模型的方法无法在整个监测过程中获得较为理想的模型误差，最终导致模型在某些时段由于无法准确描述对应阶段的数据特性而出现大量的误报警和漏报警问题；②由于发酵过程是一个慢时变的过程，其阶段之间的切换并不是瞬时完成的快速转变过程，而是跟随时间渐变完成不同阶段的过渡转换，因此过渡过程中的过程变量会表现出强烈的相关性（包括自相关性和互相关性），而传统分阶段建模方式并没有针对该问题"有的放矢"，造成了稳定阶段监测效果良好，而在过渡阶段出现连续误报和漏报的问题。针对以上两个问题，本书通过研究阶段软划分算法，以实现在无需指定聚类个数的前提下完成稳定阶段划分和过渡阶段辨识；通过研究采样点阶段归属判断方法，以实现在线监测时实时采样点可以准确选择监测模型，保证模型误差最小化；通过研究子阶段建模方法，尤其是针对过渡阶段的建模方式，以实现过渡阶段内过程变量相关性的有效去除，保证良好的监测性能。

总之，对发酵过程建立统计过程监测模型，最终目的是在保证较低误报率和漏报率的前提下，快速准确检测到发酵过程中发生的异常工况，然后实时地依据报警指示提供给操作人员一定量的信息，指导操作员有目的性地及时检修，进而排除异常，保障整个过程安全稳定运行，避免不必要事故的发生，而且还可以为发酵过程的优化以及发酵产物质量的改进提供必要的辅助和指导。这一技术的研究不仅有重要的理论意义，而且有着广阔的工业应用前景，是未来工业安全持续稳定生产的重要研究方向。建立完善且经过生产验证的发酵过程统计过程监测理论，必将极大推动整个发酵工业的长足发展。

1.2　发酵过程简介及特征分析

1.2.1　发酵过程简介

发酵有时也会写作"酦酵"，其定义依使用场合的不同而有所差别。其通常情况下是指人们利用微生物在有氧或者无氧环境下，于特定设备中通过控制一定的外部条件来生产制备生物体本身、直接代谢产物或次级代谢产物的过程。在认识发酵以前，人类很早就已经开始接触发酵这一类的生化反应，图1-1所示为古埃及人利用发酵方式制作食用面包的过程。现如今，发酵技术已经在食品、制药及工业化工等领域中得到了广泛的使用，对其基本过程的研究属于生物工程以及发酵工程的范畴，对其机理以及过程监测的研究是当下学术界的研究热点，并且一直在持续。近些年来，发酵工程又结合基因工程和计算机技术进入了一个全新的发展时期。

图1-1　古埃及人制作面包的发酵过程

Fig. 1 - 1　The fermentation process of making bread of the ancient Egyptians

　　一般情况下，发酵过程是将糖源转化生成酸、气体或者醇的生物代谢过程，这一过程通常主要发生于酵母和细菌中，当然也有发生于缺氧肌肉细胞中的特殊情形，如乳酸发酵。发酵的学科范畴通常被称为酶学。图1-2所示为发酵过程的流程示意图。

　　目前，发酵工程在工业化生产中得到了广泛的应用，其中主要是利用特定微生物获取特定的工业产品。工业化发酵过程通过设定特定微生物的生长环境对其加以培养，使得该微生物被需求的特定理想代谢产物得以富集，最终通过一定的分离手段加以提取。这些代谢产物包括微生物、有机酸、氨基酸、核酸、酶制剂以及抗生素等。

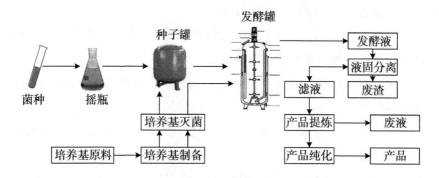

图1-2 发酵过程的流程示意图

Fig. 1-2 The flow chart of fermentation process

不同于通常所见的化学反应过程，发酵过程有其所独有的微生物学属性，主要有以下几个方面：

（1）发酵过程是若干生物种群的生命代谢过程，该过程不可逆转。通常情况下，按照微生物的代谢和生长规律，完整的发酵过程包含四个阶段：迟滞期（即调整期）、对数生长期（即生长旺盛期）、稳定期（即平衡期）以及死亡期（即衰退期）。

（2）发酵过程对生物体的生长状态以及外部环境的要求较为苛刻。一般情况下，要求使用"纯种"状态的微生物，所使用的培养基、发酵罐以及配套周边设备在发酵开始前必须进行严格的灭菌操作，后续的生产过程也必须严格控制在无杂菌状态下进行。

（3）发酵过程中，发酵结果极易受到培养基成分改变的影响，甚至会导致发酵结果的不确定性，这就是发酵过程所表现出的混沌现象。

（4）参与发酵微生物的初级和次级代谢在时间上会交织在一起，而生长期和生产期隶属于两个截然不同的生长阶段，次级代谢产物在微生物的生长繁殖速率降低乃至停止时才会开始合成，与微生物本身的生长并不同步。

（5）相当数量的生物化学反应方式尚处于定性解释阶段，目前仍无法定量描述。

（6）在外界培养条件适宜的情况下，菌体生长速率和产物生成速率以及菌体数量和产物量之间不具有明显的线性关系，基于一定机理所建立的产物预测模型并不能很好地匹配实际产量。这是由多方面的原因导致的，如季节、原料、生产设备、反应时间、操作员等。

（7）发酵过程中的参数（如 pH、温度等）往往表现为大滞后、大惯性、强非线性、不确定性以及强耦合性等特点。

（8）不同的发酵菌种以及相同菌种不同的生长阶段所需要的最适宜发酵条件不同。

（9）菌种的生长速率与产物生成速率受到时间和外界环境条件的影响，会伴随条件的变化而改变。

（10）一些与产物相关联的生物参量，如菌体浓度、产物浓度、葡萄糖浓度等，难以实现在线测量。

单从控制的角度而言，发酵过程监测的目的是在发酵工艺条件不变和能耗平稳的前提下，保障整个生产过程的正常运行，以此确保发酵工业的整体经济效益。发酵过程中有许多影响发酵过程生产水平的因素，如温度、压力、pH、通风量等，这些都和发酵过程的机理有关，它们当中的大多数都可以由传感器感知并反馈给操作人员记录下来，以便加以分析来指导改进过程的操作。因此，要实现发酵过程的生产监测，一个基本的前提是了解发酵的整体特性以及过程数据的特点。

1.2.2　发酵过程数据的三维特性

发酵过程属于典型的间歇过程，而数据构成的三维特性是间歇过程所共有的特征。因此，发酵过程同一般性的间歇过程一样，三维结构的数据是其固有的存在。这是由于发酵过程的生产是在同一发酵罐不同的时间段内重复地实现，每一次生产结束时收集发酵产物，然后清空发酵罐中的废液，继而重复以往的发酵生产过程。因此在记录过程生产数据的时候，伴随生产的持续我们可以按照事先设定的采样间隔在每一时刻采集到多个变量的数据，构成连续过程中常见的二维形式的数据矩阵 X（$K \times J$），其中，K 为每一批次过程中的采样点个数，J 为过程变量的个数。因为发酵过程的生产不可能像连续过程一样永远持续下去，所以每一个操作批次结束时我们都可以记录到这样的二维矩阵，周而往复，我们便可以累积得到发酵过程具有代表性特征的三维数据矩阵 X（$I \times J \times K$），其中 I 为发酵过程的生产批次数量，如图 1-3 所示。

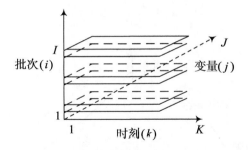

图 1 – 3 发酵过程的三维数据构成形式

Fig. 1 – 3 Three dimensional data structure of fermentation process

发酵过程数据的三维构成，虽然在一定程度上蕴含了更加丰富的几何特性和统计特性，拥有更加突出的拓扑特征，也体现了显著的生产规律，但是这无疑使得过程变量之间的耦合相关特性难以解释，不同批次之间同一变量的自相关特性和同一批次间不同变量之间的互相关特性更为错综复杂，因此给发酵过程的故障监测带来难以想象的困难。目前，由于常用的过程监测方法均是针对连续过程中二维形式的数据展开应用的，所以要想实现对发酵过程的故障监测，就必须对三维数据矩阵加以处理，按照一定的规律将其展开为具有通用二维空间结构的数据形式。

1.2.3 发酵过程的多阶段特性

发酵过程虽然属于典型的间歇过程，但它除了拥有间歇过程所共有的特征之外，还具有一些自己所独有的特征。就其本身而言，由于发酵过程通常需要微生物体的参与，而微生物体的整个生命周期会呈现出不同的代谢规律，表征为不可逆转的由生长到死亡的过程。因此，按照微生物体的生长和代谢规律可以将整个生命过程划分为四个生命时期：迟滞期、对数生长期、稳定期以及衰亡期。微生物整个生命周期的成长曲线如图 1 – 4 所示，从图中可以看出，单就参与发酵的微生物体而言，整个过程表现出了明显的阶段特性。

若考虑发酵过程数据的相关关系，那么分析可知，由于多阶段特性的存在，不同的过程时期都有着不同的过程主导变量和独特的过程阶段特性，而且过程变量数据间的相关关系也会跟随过程的进程持续呈现出明显的阶段性，并非仅仅依赖时刻的变化，也就是说，相同操作阶段内过程变量数据间的相

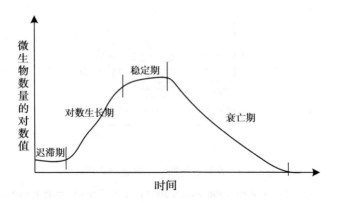

图1-4 微生物生长曲线

Fig. 1-4 Curves of the Microbe Growth

关关系具有高度的一致性，即主导变量以及生产进程的特性相同，而不同操作阶段内，其相互间的关系有着很大的区别。因此，对发酵过程多阶段特性实现高质量的过程监测，就应该深入分析整个过程中各个子阶段的局部特性，而不是整体考虑全局的过程信息。因为，从以上的分析可知，整个发酵过程是由若干个子阶段生产过程构成的，当某个或者某几个子阶段发生异常时，就势必会殃及整个过程的稳定生产。

鉴于多阶段问题的存在以及子阶段特性的重要性，我们假定发酵过程批次生产的时长是人为控制等长的，那么结合微生物体的生命周期可以观察到，由于生产方案的调整或者进料方式及量的变化，发酵过程不同批次内每个阶段的反应持续时间是不同的，即批次内各阶段产生了不等长现象，如图1-5所示。批次内阶段不等长现象出现在多个批次间，因此在考虑实现发酵过程故障监测具有较高准确度时，如何充分融合多个批次间的信息以实现对阶段不等长信息的描述，也是解决多阶段问题时需要面临的一个重大议题。

1.2.4 发酵过程的变量相关性

在实际发酵生产过程中，由于控制系统自身采用的闭环控制方式、时滞特性以及随机噪声和干扰的存在，使得大多数过程变量间呈现出明显的动态特性，即时序相关性。尤其是闭环控制方式在发酵过程控制系统中的

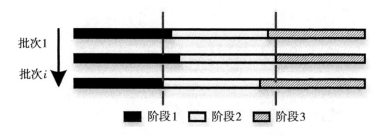

批次1

批次i

■ 阶段1　□ 阶段2　▨ 阶段3

图1-5　不同发酵批次内阶段不等长

Fig. 1-5　Stage unequal within different fermentation batches

应用，会将干扰的影响传递到整个控制系统的输入变量和输出变量中，这将直接体现在采样数据的样本中，导致过程变量表现出明显的自相关性和互相关性。具体而言，发酵过程变量数据相关性包含两部分内容：①同一批次内数据呈现出的相关性，即某一生产批次中当前采样时刻的变量与本批次内其他若干个历史采样时刻变量间的时序相关性；②不同生产批次间对应变量呈现出的相关性，即任一批次当前采样时刻的变量不仅与本批次内变量间存在相关关系，同时与若干个其他历史批次间对应变量存在着相关关系。

前面提到过，由于发酵过程是一个慢时变的过程，其阶段之间的切换并不是瞬时完成的快速转变，而是跟随时间渐变完成不同阶段的过渡转换，因此强烈的相关性就主要体现在整个过程中的过渡阶段。为了消除变量相关性对过程故障监测造成的不利影响，最简单的方式当然就是增大采样间隔，采用较大的采样间隔便可在很大程度上削弱各采样点变量间的相关性。然而，这样的做法有些得不偿失，因为如此操作会导致所获取的采样数据丢失掉重要的过程数据信息，并且不同变量间的相关关系也会被扭曲。

就发酵过程的故障监测而言，由于变量相关性的存在，如果仍然采用传统的方法去描述该过程，那么得到的潜隐向量理论上就是时序相关的，这就会造成故障的误报率急剧增加，极大地降低监测系统的性能。所以说，在发酵过程的故障监测领域，监测系统如何更加准确地去描述过程变量的相关性，尤其是过渡阶段的相关关系，就显得尤为重要。

1.3 发酵过程的统计过程监测

1.3.1 统计过程监测方法的分类

统计过程监测是基于生产过程异常检测、系统故障检测以及故障诊断技术发展起来的一门边缘性学科。过程监测的主要目的是关注生产过程的运行状态（或称为状态变量），通过不断采集过程状态信息，分析过程的变化及可能出现的故障信息，并对异常信息加以筛选，从而给出异常的类型、发生时间、幅值以及将来的发展方向等信息，使生产操作人员可以实时了解生产过程的运行状态，并依据这些信息做出适当的合理操作，以消除过程的不良运行状态，防止生产事故的发生，减少资源浪费和产品质量波动。过程监测技术在发酵生产过程中的应用，可以大大降低不合格产物的出现，从而保障发酵企业成本以及社会经济效益。

随着计算机和传感器技术的飞速发展，及其在发酵生产过程中应用的成熟，现代发酵过程已经具有完备的传感组织装置，可以在线获取大量的状态数据信息，这些数据蕴含了生产过程的各方面信息，如何从中筛选出对过程监测有利信息的需求不断促进发酵过程监测方法的蓬勃发展。赵春晖等通过大量的理论研究及实践总结，给出了广义过程监测所应当含有的内容，如图1-6所示。

目前，统计过程监测理论所依托的主要方法是主元分析（Principal Component Analysis，PCA）、偏最小二乘（Partial Least Squares，PLS）及其延伸方法。近几年来，随着多元统计理论的不断发展以及过程监测理论的深入研究，各种全新的统计监测方法层出不穷，如何更好地整理划分各种类别的监测方法也成了一项艰巨的任务。一个好的分类方法，可以揭示出各种方法之间的内部联系及衍生关系，有助于研究人员快速掌握基础理论，便于开展后续的学术研究。周东华等从一个全新的角度对当下流行的过程监测方法进行了归类总结，具体的分类方法如图1-7所示。

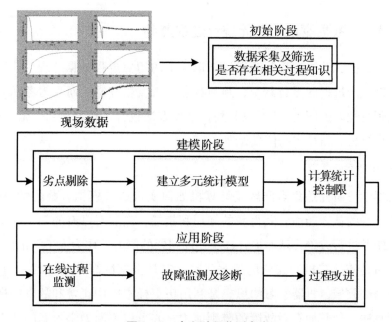

图 1 - 6 广义过程监测内容

Fig. 1 - 6 The contents of generalized process monitoring

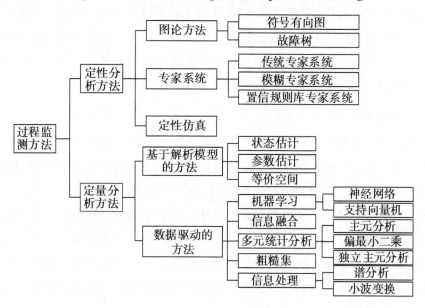

图 1 - 7 过程监测方法分类

Fig. 1 - 7 Classification of process monitoring methods

1.3.2 数据驱动的多元统计过程监测

基于数据驱动的过程监测通过对记录下的历史过程数据处理、建模及分析，掌握生产过程的运行状况，判断状态是否发生异常，而无需考虑复杂的过程机理特性。由图 1 – 7 可以看到，这类方法包含了机器学习、信息融合、多元统计分析、粗糙集和信息处理。

1. 机器学习

机器学习研究的焦点问题是计算机如何实现或者模拟人脑的学习行为，以增强自身的认知能力，获得新的知识和技能，然后对已有的知识结构加以重新组织并进行改善，从而提升自身处理问题的能力。作为人工智能的核心，机器学习是使计算机智能化的根本所在，它是多领域高度交叉的一门学科。在过程监测领域，机器学习的思想是利用历史样本库中正常和故障的样本训练监测算法，使其拥有对故障的辨别能力，并可以不断地学习新的故障信息来应对新故障的产生。该类型的过程监测方法，以对故障的正确诊断率作为学习目标，学习过程越有效则故障诊断的正确率就会越高。但是，机器学习由于受到历史故障样本数量的限制，并且精度与样本库中所含故障的完整性有着直接的关系，因此，机器学习对那些无法获取大量故障样本的生产过程则无能为力。

2. 信息融合

信息融合的目标是利用计算机技术从单源或者多源信息源中获取数据和信息，进行关联、相关和综合，以获取比仅仅依靠单源信息更为可靠的位置信息和身份估计。按照抽象层次的不同，可将信息融合技术分为三类：特征层融合、数据层融合、决策层融合。其中，特征层融合和决策层融合方法被广泛应用于工业过程的过程监测。实际应用过程中，决策层融合方法通过对多个传感器或者多种方法得到的诊断结果加以融合，得出具有普遍一致性的结论，充分利用了冗余信息。但是，冗余信息的利用效率却有待商榷，难以给出具有说服力的证明。

3. 多元统计分析

多元统计分析由于不需要深入了解生产系统的结构和机理，仅仅依赖系统运行过程中的状态数据就可以实现对过程的状态监测，因此在工业过程监测中得到了广泛的应用和长足的发展。基于多元统计分析的过程监测方法利用过程多个变量间所表征出的相关关系监督生产运行状态。该类方法依据生产历史状态数据，通过多元投影技术将其映射到不同的特征空间（例如，PCA 将样本空间分解为主元子空间和残差子空间），并在特征空间建立反映不同过程信息的统计量，从而实现过程的监测。常用的多元统计投影技术主要有 PCA、PLS、独立成分分析（Independent Component Analysis，ICA）和核熵成分分析（Kernel Entropy Component Analysis，KECA）等。

总之，基于数据驱动的过程监测方法因简单实用的特点得以在工业生产过程监测中历久弥新，并不断得以发展。本书以基于数据驱动的过程监测方法为基础，研究适用于具有多阶段及过渡相关性发酵过程的监测算法。

1.3.3 发酵过程的故障监测

发酵过程特性极其复杂，表现出强烈的批次变化特性和时变特性。发酵过程的最终产物质量波动较大，过程异常和故障不易及早发现，当觉察到故障发生时，一般情况下过程已不可逆转，势必造成原材料的浪费和设备的空转。许多情形下，只要能够保证发酵过程的产物效价或浓度稳定在一定范围之内，就可以认为该批次的发酵是成功的。发酵产品质量与下游工段的产品精制纯化操作息息相关，产品质量的波动会直接增加下游工段的负担和成本。因此，快速准确地检测到发酵过程运行中出现的各类异常工况，并加以识别排除成了发酵过程控制领域的迫切需求。

早期的发酵过程监测是简单地采用及时频繁的采样，通过将各变量逐一与安全值对比分析实现的。这种单变量阈值分析方法存在着诸多问题：①频繁地采样会增加发酵过程染菌等不必要的风险，且会增加人力物力资源成本；②采集样本的分析需要遵循多道严格的标准化程序；③样本的分析过程会带来较大的滞后性，导致难以及时发现问题并做出预警。以上问题的存在使得上述方法并不适用于实际的工业生产过程，但由于测量装置的完备甚至冗余，我们可以方便地获取多变量的过程检测数据，因此结合有效的数据处理方法，从海量数据中挖掘出对表达过程运行状态信息有用的情报，便成了发酵过程监测的出发点。

1. 发酵过程多阶段问题的研究现状

多阶段是多数发酵过程固有的过程特性，其每个操作阶段都有着不同的主导变量和数据特性，且不同生产操作阶段所对应的数据统计特征也不尽相同（如测量数据的均值、方差以及相关性等特性）。传统的 MSPM 方法均是将整个批次过程的数据作为一个整体考虑，对其建立唯一的统计过程监测模型，这仅仅考虑了生产过程的全局特性，而忽视了阶段的变化，使得模型不能表征出各子阶段的局部相关特性，从而出现了监测模型在某一个或若干个阶段内表现良好，在其他阶段出现大量误报的现象。因此，对多阶段发酵过程的统计分析不仅要关注过程整体的运行状态，还需要深入分析每一个子阶段的潜在过程特性，避免由于阶段的变化导致过程变量的相关关系改变而造成监测模型的性能恶化乃至失效。

目前，针对发酵过程的多阶段特性，常用的阶段划分方法有以下几种：①基于生产过程机理知识和专家经验的阶段划分方法。该类方法倚重于过程机理知识和专家经验，依据发酵机理或物理操作的不同方式将过程划分为不同的物理阶段。但是对于复杂陌生的发酵生产，却难以获得过程的经验知识。②基于特征分析的阶段划分方法。此方法通过分析过程变量或统计特征沿时间轴的变化轨迹，对阶段进行识别。然而，寻找阶段指示变量与统计特征的变化轨迹是一项非常困难的任务。③自动识别类的阶段划分方法。阶段的自动识别过程是通过某种算法实现的，识别过程无需先验知识支撑。其中，Lu 等采用的聚类算法与 Camacho 提出的多时段算法是自动识别类方法的典型代表。④阶段软化分方法。之前所述方法只是实现了阶段的硬化分，简单地将生产过程划分为若干个特定的阶段而没有考虑阶段的过渡过程，Zhao 等提出了软时段划分方法，将生产过程按照潜在特性的变化分化为多个子阶段和若干过渡阶段。

一直以来，在以上给出的阶段划分方法中，自动识别类方法与软化分方法的研究都受到了学者的青睐。Wold 等于 1996 年将展开后的三维数据建立子模块监测模型，提高了监测效果。Lu 等提出子时段划分方法并建立了子时段 PCA 过程监测模型，但该方法的缺点是没有对子时段间的慢时变过渡过程加以描述，仅仅将过程硬性划分为若干个子时段。这将导致模型失去对过渡过程的解释能力，从而造成监测模型出现大量误报甚至失效。Jie Yu 等人提出利用多元混合高斯模型实现阶段划分的方法。然而，前述方法均为阶段的硬化分方法，即将各个数据点按照指定规则硬性归于某一阶段，并未考虑各阶段之间的过渡信息，与稳定阶段的主要运行状态相比，过渡信息虽不代表主流的生产操作模式，但却是普遍存在的现象，它是一种动态慢时变的渐变趋势，传统统一建模方式难以对其进行描述，必将导致该时段出现大量的误报和漏报。对此，Zhao 等和 Qi 等分别于 2007 年和 2011 年在阶段硬化分基础之上，提出了阶段软化分方法，综合考虑各稳定阶段间的慢时变特性，将生产过程划分为若干稳定阶段以及过渡阶段。但以上所述的方法与绝大多数软化分方法一样均需事先人为指定阶段划分的个数，而在实际情况中，对于一个复杂且陌生的工业过程，很难合理确定其准确的阶段数目。

此外，针对发酵过程的多阶段问题，在实现过程监测时需要面临的另一个问题是阶段划分之后，在线监测采集到的新时刻样本如何去选择对应的阶段，进而选择监测模型。通常的阶段划分方法均是严格按照物理时刻顺序去截取阶段，在线采样点的阶段选择也是依据时刻的对应关系去完成，这就默认接受了对应时刻的离线数据与在线数据隶属于同一阶段，也就是说批次内部的各阶段是等长的。但实际的发酵过程并非如此，不同批次间由于外界环境以及初始化条件的不同，批次内部的阶段也一定会存在差异。因此，基于物理时刻对应位置去选择实时采样点所隶属阶段存在着极大的不合理性。对此，基于方差计算、距离相似度、联合统计量的相似度判别指标以及后验概率的方法被用以解决在线实时采样点的阶段归属判断问题，及最佳监测模型的选择问题。但以上方法的最大问题是判断指标与离线阶段划分时的指标不一致，并不能保证判断的正确性以及所选择的监测模型具有最小化的误差。

2. 发酵过程相关性问题的研究现状

对于实际的工业发酵过程而言，由于时滞特性和随机噪声干扰等的存在，特别是闭环控制方式的应用，使得大多数过程变量间呈现出明显的动态特性。通过前面的介绍可知，发酵过程是一个慢时变的过程，这种明显的动态特性主要体现在过程的过渡阶段中。传统的 MSPM 采取静态建模方法，以过程处于稳定运行状态为前提，假定变量间不存在时序相关性，这种做法与发酵过程实际相悖。此时如果仍然采用传统建模方式对类似过程进行监测，如传统 PCA 建模方法，那么得到的模型主成分向量间就会时序相关，这并不满足前提假设，从而导致过程监测的误报率上升。

针对发酵过程的相关性问题，尤其是过渡阶段的相关性问题，目前经常采用的解决方法有多尺度方法和动态性建模方法两种。

多尺度方法从过程数据的多尺度性出发，将过程数据沿不同的尺度方向分解，分离出具有不同频率的数据信息。由于分离得到的系数近似满足不相关条件，从而可以替代原始过程变量用以实施过程监测。此外，小波分析在作为多尺度分析工具方面也获得了长足的发展。Kosanovieh 等首次采用无关小波系数替代过程变量进行 PCA 分析。Bkahsi 结合了小波分析和 PCA，提出多尺度 PCA 实现动态过程监测，通过对多个尺度上的小波系数建模获得负荷向量和控制限，进而分尺度对样本点进行监测。郭明对所建立的动态模型的误差进行了多尺度分解。Lee 和 Lennox 等通过递归处理多尺度 PCA 中的协方差矩阵，或将递归 PCA 进行多尺度分解，解决过程的动态性问题。Geng 等将多尺度 PCA 与神经网络进行结合，实现对非线性多尺度问题的过程监测。但是，多尺度方法的明显缺陷在于，须引入时间窗确定测量数据在各尺度方向上的系数，而窗长的大小以及需要分解的小波层数的确定依然没有成熟的理论支撑。

动态性建模方法通过建立可恰当描述过程采样数据间动态关系的监测模型，利用近似服从独立性条件的模型残差或者潜隐得分向量实施监测。陈耀等认为很少的几个驱动扰动便可以对过程特性进行准确的描述，扰动间的综合就表现为各测量变量的观测扰动，其可以由差分模型估计得到，并且相互独立，如此便满足静态 PCA 的建模条件，进而替代过程变量用于 PCA 建模对动态过程的分析。但是上述思想需要解析模型对动态特性加以描述，由于解析模型的复杂求解过程，制约了该方法的实用性。类似方法还有时间序列建模和状态子空间建模，分别由 Calloa 等及 Simoglou 等提出。另一种具有较深远影响的动态建模方法是由 Ku 等提出的基于时滞数据的动态 PCA（Dynamic PCA，DPCA）。DPCA 通过式（1 – 1）构造过程变量及数据矩阵，之后建立 PCA 模型。

$$x_{DPCA}(\tau) = \left[x^{\mathrm{T}}(\tau)x^{\mathrm{T}}(\tau-1)\cdots x^{\mathrm{T}}(\tau-h) \right]^{\mathrm{T}}$$

$$X_{DPCA} = \left[X_0 X_{-1} \cdots X_{-h} \right] \tag{1-1}$$

式中，h 为动态系统时滞阶次，$x(\tau-h)$ 成为伪向量。以上所建立的 PCA 模型可以很好地描述当前时刻数据与历史时刻数据间的关系，由此被学术界广泛接纳并加以拓展，延伸出了多种基于该思想的新方法。Lin 等和 Choi 等将该思想与非线性 PCA 和 KPCA 结合，将其延伸全非线性系统的监测。Chen 等将该思想应用于间歇过程监测，把第 i 个批次第 k 个采样时刻的数据 $x_{i,k}$ 扩展为 $[x_{i,k}^{\mathrm{T}}, x_{i,k-1}^{\mathrm{T}}, \cdots, x_{i,k-d}^{\mathrm{T}}]^{\mathrm{T}}$，其中就包含了历史数据信息，之后做 MPCA/MPLS 分析。Lu 等分别在间歇过程时间和批次方向应用 DPCA 方法，提出二维动态主元分析方法（2D-DPCA）。不过，Ku 所提出的 DPCA 及其多种改进方法亦有其局限性，那就是模型复杂度较高从而增加系统工作量，且会时而难以得到准确的、最小化的动态过程描述。同时，Kruger 和 Xie 也证明了 DPCA 方法并不能有效消除变量间动态性对监测性能的影响。对此，Kruger 提出了改进后的 ARMA-PCA，通过多个单变量 ARMA 滤波器消除 PCA 潜隐变量的自相关性，该方法在线性过程监测中获得了良好的监测效果，但其复杂度更高，且没有考虑过程变量的互相关特性。

1.4 本书的研究内容及章节安排

本书从工业发酵过程实际应用出发，针对发酵过程固有的多阶段特性以及过渡过程的强动态性两个方面展开研究，改进了传统过程监测算法在解决以上两点问题时存在的缺陷，以主元分析为基础，提出改进的阶段软化分方法，并就此给出有效的实时样本阶段归属判断规则，进而针对过渡阶段表现出的强动态性建立针对性的监测模型，有效消除了动态性对监测性能的影响。最终，将研究内容应用于实际工业发酵过程故障监测，以此验证方法的合理性及有效性。本书采用理论与实践相结合的思路，各章节间呈现递进关系，具体安排如下。

第 1 章：绪论。该章节首先介绍了本书的研究背景及意义，紧接着对本书的研究对象及其特性给出了较为详细的说明，然后从发酵过程的统计过程监测方法出发，介绍了统计过程监测方法的分类、基于数据驱动的 MSPM 监测以及发酵过程故障监测的研究现状。

第 2 章：基于多阶段 MPCA 的间歇过程监测研究。首先，阐述了阶段划分对间歇过程故障监测的意义；其次，在对 MPCA 方法进行详细描述的基础上，介绍多阶段 MPCA 监测方法，通过基于 Silhouette 准则改进 AP 聚类来实现间歇过程阶段的精确划分；最后通过青霉素发酵过程仿真对多阶段 MPCA 方法进行有效性验证并进行结果分析。

第 3 章：基于 MAR - PCA 的间歇过程监测研究。为同时描述变量之间的自相关性和互相关性，将单变量过程的时间序列分析方法推广到多变量情形，建立相应的多变量 AR 模型。采用数值实例的蒙特卡罗方法研究表明：对于具有较强动态特性的间歇过程，MAR - PCA 方法能有效地消除过程的动态性，较 MPCA 和 DPCA 方法具有更好的监测性能。

第 4 章：多阶段 MAR - PCA 在间歇过程监测中的应用研究。将改进后的 AP 聚类方法引入 MAR - PCA 方法中，提出一种多阶段 MAR - PCA 方法。该方法首先将过程三维数据沿批次方向展开并进行预处理，利用改进后的 AP 聚类方法对间歇过程进行阶段划分，在划分的每个阶段内将数据再沿变量方向重新排列建立 MAR - PCA 统计监测模型。基于青霉素发酵过程的应用表明：①青霉素发酵过程仿真平台数据测量变量满足自相关拖尾性与偏相关截尾性的条件，说明 MAR 模型去除相关性是可行的；②该方法结合传统展开方式的优势，把变量展开与批次展开相结合，提高监测预测性能；③在每个阶段内建立 MAR - PCA 监测模型，能有效解决具有多阶段动态特性的间歇过程监测问题，提高了监测精度。此外，在应用多阶段 MAR - PCA 对间歇过程进行监测时，引入历史训练数据，在线计算新批次数据 MAR 模型残差，提高了对阶跃故障的监测效率。

第 5 章：基于仿射传播聚类的批次加权阶段软化分。本章针对传统阶段划分方法不考虑过渡过程或需要人为指定聚类个数的弊端，提出了批次加权软化分的聚类方法，实现了多批次发酵数据的信息融合，解决了 AP 聚类无法辨识过渡阶段的问题。青霉素发酵仿真平台监测实验表明了这一方法的有效性。

第 6 章：基于信息传递的采样点阶段归属判断。在线监测时，引入信息度传递实现实时采样点的阶段归属判断，依此选择最佳的子阶段监测模型对其进行状态监测，保证模型误差最小化，解决了阶段不等长批次的最佳模型选择问题，并给出了青霉素发酵仿真平台生产过程的阶段归属判断仿真结果。

第7章：基于子阶段自回归主元分析的发酵过程在线监测。完成稳定阶段划分及过渡阶段辨识后，针对过渡阶段和稳定阶段分别建立 AR-PCA 模型和 MPCA 模型，较传统的对完整批次建立单一模型的方法具有更高的精度，可有效消除过渡阶段的动态性，仿真平台监测实验表明了方法具有更低的误报率和漏报率。

第8章：基于 PDPSO 优化的 AP 聚类阶段划分。针对间歇过程固有的多阶段特性，也为了克服传统阶段划分方法需要先验知识和对相邻类边缘上点处理困难的缺陷，降低过程建模不考虑过程动态性导致的漏报和误报，提出了基于种群多样性的改进型粒子群优化算法即 PDPSO 算法，优化了仿射传播聚类的多阶段自回归主元分析模型间歇过程监测方法。该方法引入了 PDPSO 算法指导 AP 聚类偏向参数的选择，避免了一般根据聚类评价指标选择偏向参数时的盲目性。青霉素发酵仿真实验表明了该方法的有效性。

第9章：基于多阶段自回归主元分析的发酵过程监测。对 PDPSO 优化的多阶段发酵过程的数据样本建立 AR-PCA 模型，以消除各阶段的动态性及变量之间的自相关和互相关影响。最后，对自回归模型的残差矩阵建立 PCA 模型用于发酵过程监测。将其应用于青霉素发酵过程，仿真平台监测实验说明，该方法能有效进行发酵过程阶段划分并降低故障的漏报率和误报率。

第10章：基于 KPCA-PCA 的多阶段间歇过程监控策略。针对间歇过程多阶段、轨迹不同步以及阶段间过渡过程特性变化对监控结果的影响，并以前两章研究结果为基础，提出一种新的多阶段软过渡 KPCA-PCA 的监控策略。该策略以每个时刻的数据矩阵相似度作为样本输入，采用模糊聚类算法实现阶段划分，根据模糊隶属度辨识相邻阶段间的过渡过程，最后对稳定阶段和过渡过程分别建立 MPCA 和 KPCA 监控模型。该方法旨在克服相邻子类边界数据划分的不合理性及过渡过程的非线性等问题，改善监控的可靠性和灵敏度。通过对青霉素发酵过程的仿真平台及工业应用研究均表明了该方法的有效性。

第11章：基于 GMM-DPCA 的非高斯过程故障监控。针对传统 PCA 方法不能有效处理过程数据非高斯分布及时序相关性等问题，提出一种结合多元高斯混合模型（GMM）和动态 PCA 的多阶段监控策略。该方法的主要思想是针对多操作阶段（或多工况）的间歇过程，虽然多元高斯分布的假设通常很难满足，但在某一单独操作阶段下，数据子集却仍能近似服从正态分布。因此，基于 GMM 划分操作阶段建立 PCA 模型解决非高斯分布问题是合理和可行的。将该方法应用于重组大肠杆菌制备白介素 -2 发酵过程监控中，结果显示所提出方法能较好地处理过程的非高斯分布数据，在一定程度上克服时序相关性对监控性能的影响。

第 12 章：基于 KECA 的间歇过程多阶段监测方法研究。对间歇生产过程进行多阶段监测是一个复杂的问题，既需要考虑过程监测在稳定模态下的监测效果，又需要考虑过渡模态下的监测效果。不同操作模态的数据在数据相关性上会不尽相同，需要针对每个模态，建立不同的阶段模型。两个彼此相邻的稳定模态间的过渡过程更为复杂，过渡模态最大的特点是变量的时变特性，针对这一特性在过渡阶段使用时变协方差代替固定协方差可以更好地反映这一特性。本章提出了一种应用于间歇过程多阶段的过程监测方法，该方法首先把三维数据矩阵按照时间片展开策略展开为新的二维数据；其次根据各时间片的数据进行 KECA 数据转换，然后依据核熵的大小对过程进行阶段划分，将生产操作过程划分为稳定阶段和过渡阶段，并分别建立监测模型对生产过程进行监测；最后对青霉素发酵仿真平台的应用表明，采用提出的 Sub - MKECA 阶段划分结果能很好地反映间歇过程的机理，并且对于多模态过程的故障监测表明其可以及时、准确地发现故障，具有较高的实用价值。

第 13 章：间歇过程子阶段非高斯监测方法研究。针对传统 MKICA 方法不能有效处理间歇过程数据多阶段特性的问题，提出一种结合 MKEICA 的多阶段监测策略。该方法的主要思想是利用 KECA 对过程数据进行阶段划分，由于使用 KECA 对数据进行划分后，数据在核熵空间会呈现非高斯特性，故引入 ICA 模型对其进行分解，在独立元子空间和残差子空间内构造基于高阶累计量的监测统计量 HS 和 HE，新的高阶监测统计量与传统的低阶监测统计量相比，可以更加完整地提取过程数据的特征。因此基于 KECA 划分操作阶段建立 ICA 模型解决非高斯分布问题是合理和可行的。将该方法应用于青霉素发酵过程的仿真平台和工业大肠杆菌制备白介素 -2 发酵过程监测中，结果显示所提出方法能较好地处理过程的非高斯分布数据，在一定程度上克服时序相关性对监测性能的影响。

第 2 章 基于多阶段 MPCA 的
间歇过程监测研究

2.1 引 言

目前，以多元统计过程监测（MSPM）为核心的数据驱动方法在流程工业的过程故障检测和诊断（Fault Detection and Diagnosis，FDD）领域得到了广泛的关注和研究。这主要得益于：一方面随着 DCS 及智能仪表的广泛应用，大量过程数据被采集、记录下来，为 MSPM 提供了广阔的数据基础；而计算机、数据库技术的发展为大规模数据的处理分析提供了可能，同时工业界也迫切需要将过程数据变成有用的信息，使之为安全生产、降低成本、提高产品质量服务。另一方面，流程工业过程数据存在高维、高度耦合、共线性、数据缺损以及噪声污染等问题，而以主元分析（PCA）、主成分回归（PCR）和偏最小二乘（PLS）等为核心技术的多元统计过程监测（MSPM）方法可以从含有测量噪声的高维数据中提取出反映过程特征的低维变量，较好地解决上述难题。因此多元统计过程监测方法近年来得到了长足的发展。

然而，绪论中我们已经指出，多阶段性是许多间歇过程的一个显著特性，过程每个阶段都有不同的过程特征及过程主导变量，过程变量相关关系也会随过程操作进程或过程机理特性变化呈现分阶段性。若仍采用传统 MPCA 对间歇过程整个批次建立单一模型进行监测，容易造成较高的漏报率和误报率。因此，对多阶段间歇过程的统计建模和在线监测不仅要分析过程的整体运行状况是否正常，更应该深入分析过程的每一个操作子阶段是否正常。

国内外许多学者已经意识到间歇过程的多阶段特性以及基于阶段的统计分析的重要意义，陆续提出一系列解决的方案。Ündey 等借助实际生产的不同物理反应单元将整个过程分为若干时段，结合反应机理进而建立了基于子阶段的统计分析及过程监控模型。此方法侧重于利用过程知识以及专家经验，依据过程的反应机理或不同物理操作单元来划分过程运行的不同物理阶段。但当面对一个较为复杂、过程机理不明确的过程时，我们较难获取这样的过程知识。因此，东北大学陆宁云等学者对间歇过程进行了深入研究，发现间歇过程中潜在的变量相关关系并非随时间时刻变化，而是跟随过程操作进程或过程机理特性的变化呈现分段性。不同阶段内，变量相关性有显著的差异；同一阶段内，不同采样时刻的过程变量相关关系却近似一致。基于此认识，他们提出一种基于 K - means 聚类的子阶段划分及统计建模方法，将间歇过程划分为多个操作时段。此方法根据变量的相关关系变化，不仅能很好地揭示过程的运行状态和变化规律，而且基于子时段的统计建模方法会有利于后续的过程监测、故障诊断及质量控制等研究。

间歇过程的统计过程监测以及故障诊断方法的主要依托理论是以主元分析（PCA）为核心的多变量投影方法。绪论中已对 PCA 进行了简单描述，下面详细介绍 PCA 的基本原理及其在间歇过程监测的应用扩展——MPCA 的基本原理，作为后续章节提出新方法的基础。

2.2　主元分析（PCA）

PCA 模型是一种多元统计分析方法，在经营管理、数据统计、过程监测等许多领域得到广泛应用。工业自动化水平的提高，使得 PCA 在工业过程特别是间歇过程的过程监测中发挥了重要作用。

2.2.1　主元分析基本原理

采集处于正常操作条件下的过程数据，对其进行标准化处理，得到均值为 0，方差为 1 的数据矩阵 $\boldsymbol{X}_{n \times m}$（$n$ 为采样数，m 为测量变量个数）。矩阵 $\boldsymbol{X}$ 可分解为 m 个向量的外积和，即

$$\boldsymbol{X} = \boldsymbol{t}_1 \boldsymbol{p}_1^{\mathrm{T}} + \boldsymbol{t}_2 \boldsymbol{p}_2^{\mathrm{T}} + \cdots + \boldsymbol{t}_m \boldsymbol{p}_m^{\mathrm{T}} \tag{2-1}$$

式（2-1）中，$\boldsymbol{t}_i \in \boldsymbol{R}^n$ 为得分向量，也称为主元向量（Principal Component，PC），$\boldsymbol{p}_i \in \boldsymbol{R}^m$ 为负载向量。式（2-1）也可写成矩阵形式：

$$X = TP^{\mathrm{T}} + E \qquad (2-2)$$

其中，E 为残差矩阵，T 为得分矩阵，P 为负载矩阵。各个得分向量之间是正交关系，即对任何 i 和 j，当 $i \neq j$ 时，满足 $t_i^{\mathrm{T}} t_j = 0$。每个负载向量之间也是正交的，且每个负载向量的长度都为 1，即 $p_i^{\mathrm{T}} p_j = 0$（$i \neq j$），$p_i^{\mathrm{T}} p_j = 1$（$i = j$）。

若将式（2-1）等号两侧同时右乘 p_i，可得到式（2-3），称之为主元投影：

$$t_i = X p_i \qquad (2-3)$$

由式（2-3）可知，每一个得分向量就是数据矩阵 X 在与此得分向量相对应的负载向量方向的投影。得分向量 t_i 的长度实际上反映了数据矩阵 X 在负载向量 p_i 方向的覆盖程度或标准差，它的长度越大，X 在 p_i 方向上的覆盖程度或变化范围越大。

主元分析的具体求解步骤如下：

（1）求出样本的协方差矩阵 S：

$$S = \frac{1}{n-1} X^{\mathrm{T}} X \qquad (2-4)$$

式中，X 预先去均值或同时归一化处理。

（2）对矩阵 S 进行特征值分解：

$$S = V \Lambda V^{\mathrm{T}} \qquad (2-5)$$

式（2-5）揭示了协方差矩阵的关联关系，其中，Λ 为对角阵，包含幅值递减的非负实特征值（$\lambda_1 \geq \lambda_2 \geq \cdots \geq \lambda_m \geq 0$）。$V$ 是正交阵（$V^{\mathrm{T}} V = I$，I 为单位阵）。利用式（2-2）可得：

$$S = \frac{1}{n-1} P T^{\mathrm{T}} T P^{\mathrm{T}} \qquad (2-6)$$

对应式（2-5）和式（2-6）各项，可得：

$$P = V \qquad (2-7)$$

$$\Lambda = \frac{1}{n-1} T^{\mathrm{T}} T \quad 或 \quad \lambda_i = \frac{1}{n-1} t_i^{\mathrm{T}} t_i \qquad (2-8)$$

由式（2-8）可得，λ_i 是第 i 个主元的样本方差。

若前 R 个主元的累加方程超过一个阈值，例如常用的 0.85，那么就可

以提取前 R 个主元来作为综合指标，则原始的 m 维空间就变为 R 维，且 $R \leqslant m$。

（3）求取得分矩阵 T：

为了最优地获取数据的变化量，同时最小化随机噪声对 PCA 产生的影响，保留与 R 个最大特征值相对应的负载向量。选择负载矩阵 $P \in R^{m \times R}$，使其与前 R 个特征值相关联的负载向量相对应，则 X 到低维空间的投影就包含在得分矩阵 T 中：

$$T = XP \tag{2-9}$$

2.2.2 基于主元分析的过程监测

PCA 将数据矩阵 $X \in R^{n \times m}$（其中，n 为样本个数，m 为变量个数）分解，得到 $T \in R^{n \times R}$ 和 $P \in R^{m \times R}$，分别为得分矩阵和负载矩阵。主元空间中的投影把原始变量矩阵降为 R 个隐含变量。当给定一个新的样本向量 $x = [x_1, x_2, \cdots, x_m]$，则其主元得分向量和残差量可由式（2-10）得到：

$$t = xP$$
$$\hat{x} = xPP^{\mathrm{T}} \tag{2-10}$$
$$e = x - \hat{x} = x(I - PP^{\mathrm{T}})$$

基于 PCA 的多元统计过程监测是通过监视两个统计量，主元空间的 T^2 和残差空间的 Q 统计量，来获取生产运行状况的实时信息。T^2 是归一化平方后的得分的总和，定义如下：

$$T^2 = tS^{-1}t^{\mathrm{T}} = xPS^{-1}P^{\mathrm{T}}x^{\mathrm{T}} \tag{2-11}$$

其中，$S = \mathrm{diag}(\lambda_1, \lambda_2, \cdots, \lambda_R)$，由建模数据集 X 的协方差的前 R 个特征值构成。T^2 的控制上限通过 F 分布获得：

$$T_{\alpha}^2 \sim \frac{R(n^2 - 1)}{n(n - R)} F_{R, n-R, \alpha} \tag{2-12}$$

其中，n 为建模数据样本个数；$F_{R, n-R, \alpha}$ 表示自由度为 R，$n - R$ 的 F 分布；α 为置信度。

Q 统计量，亦称为平方预测误差（SPE），是测量值偏离主元估计模型的距离，定义如下：

$$SPE = ee^{\mathrm{T}} = x(I - PP^{\mathrm{T}})x^{\mathrm{T}} \tag{2-13}$$

Q 统计量近似服从加权 χ^2 分布，其监测上限可由式（2-14）计算：

$$SPE_{\alpha} \sim g\chi^2_{h,\alpha}$$

$$g = \frac{v}{2m} \tag{2-14}$$

$$h = \frac{2m^2}{v}$$

式中，m 和 v 分别表示建模数据中 SPE 的均值和方差。

当工程发生故障时，在 SPE 和主元得分图上将会得到一簇置于正常操作域外的采样点，这些采样点的 SPE 和 T^2 统计量超出置信区间边界。

2.2.3　基于变量贡献图的故障诊断

过程监测的目的并不仅局限于实时汇报生产过程的运行状况，及时检测出故障的发生，还希望在检测出故障发生的同时能准确提供异常发生的原因。当已知故障类型较少时，可以根据采样点中各过程变量对其 T^2 和 SPE 统计量的贡献率大小来判断哪些变量是引起故障监测变量异常的主要因素，进而根据主元得分图和 SPE 图中新采样点的位置来做故障诊断。

如果 T^2 计算值超出其控制限，每个变量 x_i 对 T^2 的贡献大小定义如下：

$$T^2(x_i) = \| S^{-1}P^{\mathrm{T}}(:,i)x_i \|^2 \tag{2-15}$$

对于 T^2 具有较大贡献的变量最有可能发生故障。相应地，如果 SPE 计算值超出控制限，各变量 x_i 对 SPE 的贡献值定义如下：

$$SPE(x_i) = \| (I - PP^{\mathrm{T}})x_i \|^2 \tag{2-16}$$

根据每个变量 x_i 对 SPE 的贡献大小来确定故障源。

2.3　多向主元分析（MPCA）

前面介绍了 PCA 的基本原理以及在过程监测与故障诊断中的应用，PCA 的建模对象是二维数据，且要求测量值的均值和方差不随时间而变化。然而，间歇过程特点之一恰好是过程变量随变量操作时间不断波动变化，甚至在不同操作工序中展现出不同变化特征。此外，间歇过程建模数据通常是用三维矩阵表示，PCA 方法无法直接处理三维矩阵。多向主元分析（MPCA）作为主元分析应用于间歇过程的扩展，最先由瑞典数理统计学家 Wold 在 1987 年提出。MPCA 方法的思想是将三维数据展开为二维数据以后再进行 PCA 分析，常用的展开方法已在绪论中进行了论述，下面以沿批次展开为例，介绍一下MPCA 应用于间歇过程监测的主要步骤。

按图 1 - 3 所示，沿批次方向展开方法将三维矩阵 X（$I \times J \times K$）每个时刻的数据阵沿时间轴方向排列，展开得到二维矩阵 X（$I \times JK$），按列提取均值和标准差，对其进行中心化、量纲归一化。

将展开后的二维矩阵，利用 PCA 方法分解为得分向量和负载向量乘积之和，再加上残差矩阵 E：

$$X = \sum_{i=1}^{R} t_i p_i^{\mathrm{T}} + E \qquad (2-17)$$

其中，R 为保留主元的个数。

利用得到的得分向量和负载向量，按照式（2 - 10）~式（2 - 14）所示，计算监控统计量 T^2 和 SPE 及相应的监控限用于新批次的在线监测。

中心化处理实际是抽取了过程变量在多批次正常运行操作下的平均运行轨迹，这样处理后的数据突显了间歇过程不同操作批次之间的一种正常随机波动，因此可以认为它们近似服从多维正态分布。其数学表达式为：

$$\tilde{x}_{i,j,k} = \frac{x_{i,j,k} - \bar{x}_{j,k}}{S_{j,k}}$$

$$\qquad (2-18)$$

$$\bar{x}_{j,k} = \frac{1}{I} \sum_{i=1}^{I} x_{i,j,k}, S_{j,k} = \sqrt{\frac{1}{I-1} \sum_{i=1}^{I} (x_{i,j,k} - \bar{x}_{j,k})^2}$$

其中，$\tilde{x}_{i,j,k}$ 为标准化处理后的数据；$x_{i,j,k}$ 为 i 批次，变量 j 在 k 时刻的采样值；$\bar{x}_{j,k}$ 为变量 j 在 k 时刻 I 批次的均值；$S_{j,k}$ 为变量 j 在 k 时刻 I 批次的方差。此外，MPCA 方法用于在线监控时，当前采样时刻后的数据是未知的，需要进行数据填充，具体填充方法可以使用前面提到的方法。

2.4　基于改进 AP 聚类的间歇过程阶段划分方法研究

MPCA 方法在过程监控中虽然有一定的作用，但传统的方法仍然存在以下不足。

（1）批次不等长问题，传统沿批次方向展开 MPCA 方法不能直接应用。在应用传统建模方法时，一个重要前提是每个批次生产过程是等长的，但是在实际工业过程中，由于各种原因，如原材料差异、过程干扰等使得工业过程不可能达到完全重复的生产，所以生产长度也不尽相同。

（2）数据填充问题，采用沿批次展开 MPCA 方法存在的另一个问题是"未来观测值的预测"问题。它是指在线监控时，采样时刻以后的数据是未知的，无法得到从批次开始到结束的完整过程变量轨迹，因此必须对未来观测值进行预测。

（3）沿变量展开的 MPCA 方法不需要数据填充，但不包含批次信息，容易造成误报。

此外，绪论中我们已经指出，多阶段特性是许多间歇过程的一个显著特点，不同操作模式所对应的过程统计特征，如变量的均值、方差、相关性等，往往有较大差异。直接应用 MPCA 方法对整个过程建立监控模型，通常无法获得令人满意的结果。比较典型的现象是，现有方法建立的模型在过程持续运行相对较长的一段时间后，往往出现大量的连续报警，而实际上过程可能是稳定运行于某一新的操作模式下。

针对具有多操作阶段的间歇过程，如何准确划分不同的操作阶段，对过程的精确监控有重要影响。而基于聚类算法的阶段划分方法，能分析追踪过程的相关关系特性变化，无需过程先验知识，通过某种算法程序能够自动识别出过程中的各个阶段。然而，基于聚类算法的阶段划分方法，选择合理的聚类算法是进行正确子阶段划分的前提。目前常用的聚类方法（如 K‑means 聚类算法）和模糊聚类算法（如模糊 C 均值）等，都需要事先确定划分的类数，但是大多数情况下，对于一个复杂、陌生的工业过程，很难知道其合适的阶段数目。因此，本章采用基于 Silhouette 准则改进的 AP 聚类进行阶段划分。同时，为了克服沿批次和变量展开的方法的缺陷，本章提出一种多阶段

MPCA 方法。此方法在对间歇过程进行阶段划分的同时，将两种展开方式相结合，其基本思想是：首先将过程三维数据 X（$I \times J \times K$）沿变量方向展开成 X（$I \times JK$），然后进行标准化处理，在一定程度上消除过程数据间的非线性和动态性；其次将标准化的数据沿变量方向重新排列 X（$KI \times J$），如图 2-1 所示，利用改进 AP 聚类算法对重新排列的数据 X（$KI \times J$）进行阶段划分；最后，在划分好的每个阶段内建立 PCA 监控模型。图 2-1 所示为多阶段 MPCA 方法对间歇过程进行监测离线建模的总体框图。

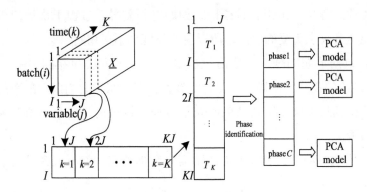

图 2-1 多阶段 MPCA 离线建模

Fig. 2-1 Flow of Multi-phase MPCA modeling

2.4.1 AP 聚类

AP 聚类（Affinity Propagation clustering，仿射传播聚类）方法是 Frey 和 Dueck 于 2007 年提出的一种快速有效的聚类方法，它与 K-means 算法均属于 k 中心聚类方法。经典的 K-means、模糊 C 均值（FCM）方法，在聚类之前都需要主观设定聚类个数，势必带有主观臆断性，不能有效反映真实结果。AP 聚类方法克服了此缺点，它不必事先确定聚类个数，将每个样本点均视为潜在聚类中心，通过各个样本点迭代竞争聚类中心，得到最优聚类结果。

假设一个有 N 个样本的数据集，AP 聚类的输入为任意两个不同样本点 x_i 和 x_k 间相似度 s（i, k）组成的矩阵 $S \in R^{N \times N}$，其值用二者欧式距离平方的负数表示，定义如下：

$$S(i,k) = -\| x_i - x_k \|^2 \qquad (2-19)$$

当 $i=k$ 时，$s(k,k)$ 定义为偏向参数 P，表示各个样本点被选作聚类中心的可能性。偏向参数 P 位于相似矩阵 S 的对角线上，其值越大，样本点 x_k 被选作聚类中心的可能性越大。AP 聚类最终的聚类结果也是取决于输入值 P 的大小。P 值越大，最终的聚类个数越多；P 值越小，最终聚类个数越少。为了利用 AP 聚类对间歇过程进行精确的阶段划分，本章基于 Silhouette 准则改进 AP 聚类来确定偏向参数 P 的取值。

AP 聚类需要不断从数据中搜集相关信息，于是分别定义代表矩阵 $R(i,k)$ 和适应度矩阵 $A(i,k)$。$R(i,k)$ 由点 x_i 指向候选聚类中心 x_k，表示样本点 x_k 相比其他点适合作为 x_i 聚类中心的代表程度；$A(i,k)$ 由候选聚类中心点 x_k 指向 x_i，表示样本点 x_i 选择 x_k 作为聚类中心的合适程度。AP 聚类的迭代过程就是代表矩阵 $R(i,k)$ 和适应度矩阵 $A(i,k)$ 不断更新信息的过程，$R(i,k)$ 和 $A(i,k)$ 的更新公式如下：

$$R(i,k) \leftarrow S(i,k) - \max_{k' \neq k}\{A(i,k') + S(i,k')\} \qquad (2-20)$$

$$A(i,k) \leftarrow \min\{0, R(k,k) + \sum_{i' \notin \{i,k\}} \max\{0, R(i',k)\}\} \qquad (2-21)$$

公式（2-21）中，当 $i=k$ 时，适应度矩阵的更新定义如下：

$$A(i,k) \leftarrow \sum_{i' \neq k} \max\{0, R(i',k)\} \qquad (2-22)$$

对于样本点 x_i，在迭代的过程中，当存在点 x_k 满足公式（2-22）时，x_k 即为样本点 x_i 的聚类中心：

$$\max\{A(i,k) + R(i,k)\} \qquad (2-23)$$

在每一次的循环迭代过程中，$R(i,k)$ 和 $A(i,k)$ 的更新结果均为当前迭代过程中的更新值与上一步迭代结果的加权（基于仿射传播聚类的焦炉加热燃烧过程多模型建模方法）。第 t 次迭代过程中，代表矩阵 $R(i,k)$ 和适应度矩阵 $A(i,k)$ 的加权更新公式如下：

$$R_t(i,k) = (1-\lambda) \times R_t(i,k) + \lambda \times R_{t-1}(i,k) \qquad (2-24)$$

$$A_t(i,k) = (1-\lambda) \times A_t(i,k) + \lambda \times A_{t-1}(i,k) \qquad (2-25)$$

式中，$\lambda \in [0,1]$ 为迭代因子，默认值为 0.5。迭代更新的速度快慢可

以通过调节 λ 实现，为了防止振荡，一般情况下设置 λ 的值为 0.9，λ 值过大会使 $R(i, k)$ 和 $A(i, k)$ 的更新缓慢。此外，若 AP 聚类算法在迭代过程中产生聚类结果不断发生摆动，即算法出现振荡无法收敛时，可以人工调节 λ 值并重新运行算法，直至算法收敛。AP 聚类算法的流程如图 2-2 所示。

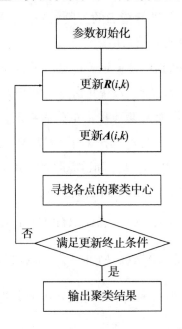

图 2-2   AP 聚类算法流程图

Fig. 2-2   Flow of AP Clustering method

2.4.2   Silhouette 准则

聚类结果的"好坏"取决于一个聚类内类内点的紧凑程度，以及类间的远离程度，即类间的可分性和类内的紧密性。通常情况下，用聚类评价指标来评价聚类算法的聚类效果，好的聚类效果会令评价指标达到最优值（通常为最大值）。因此在样本集和其他条件不变的情况下，最优的聚类算法参数同理也会使聚类评价指标取值最大，如此一来，通过聚类指标来指导算法参数的选择是具有可行性的。在众多聚类有效性评价指标中，Silhouette 准则因其对明显聚类结果有良好的评价能力而被广泛应用。在此，选取 Silhouette 准则来指导偏向参数 P 的取值，从而使聚类结果达到最优，即最优的阶段划分数。

对于任意采样点 x_i，Silhouette 准则 $S(i)$ 定义如下：

$$S(i) = \frac{\min\{d(x_i, C_i)\} - a(i)}{\max\{a(i), \min\{d(x_i, C_i)\}\}} \tag{2-26}$$

式中，$a(i)$ 是同一聚类 C_j 中，点 x_i 与 C_j 中其他样本点的评价距离，$d(x_i, C_i)$ 为点 x_i 与最近聚类 C_i 内所有样本点的评价距离。$S(i)$ 的平均值 $S_{av} = \text{mean}[\text{sum}(S(i))]$ 反映了某一聚类算法对于一个样本集的聚类效果的质量。

2.4.3　基于改进 AP 聚类的阶段划分

本章中，研究对象的数据所有批次是等长的，这样一来，新批次中某一时刻的采样点和建模数据是一一对应的，在线监测时新时刻的数据即可直接和隶属阶段相对应。通过分析偏向参数 P 的不同取值与 S_{av} 的变化曲线关系，当 S_{av} 值达到最大时，偏向参数 P 的取值即为最优值，进而 AP 算法的聚类结果能达到最优，来实现对间歇过程进行准确的阶段划分。为了提高本章方法划分阶段的精度，定义多批数据 S_{av} 的均值 S_{av}^*，通过 S_{av}^* 与偏向参数 P 的变化曲线来确定最优偏向参数 P。S_{av}^* 定义如下：

$$S_{av}^* = \frac{1}{I} \sum_{i=1}^{I} S_{av}^i \tag{2-27}$$

其中，S_{av}^i 为第 i 批次不同偏向参数 P 对应的 S_{av} 值；I 为批次数。传统 AP 聚类方法偏向参数 P 的取值为相似度 $S(i, k)$ 的中值，并且偏向参数 P 的最小值不会小于相似度 $S(i, k)$。所以，实验开始时，偏向参数 P 取值的最小值为相似度矩阵 $S(i, k)$ 的最小值，最大值为 0。用得到的最优偏向参数 P^* 代替相似度矩阵 $S(i, k)$ 中的 $S(k, k)$ 作为 AP 聚类的输入，对间歇过程进行阶段划分。

2.4.4　多阶段 MPCA 监测方案

2.4.4.1　数据描述

基于 PCA 方法对间歇过程进行过程监测时，一般先利用历史样本数据作为训练数据建立离线模型，该模型可以用来指示过程运行平稳以及衡量不同故障发生的尺度，所以建模使用的训练数据能较好地表征在线监测数据的特性。本章研究的多阶段间歇过程数据是批次等长数据，某一时刻的测量值在建模与在线监测时是相对应的，针对实际过程中遇到的批次不等长问题，需要进一步进行数据的预处理，在此主要研究阶段划分方法。

2.4.4.2　多阶段 MPCA 建模

采用过程数据库中储存的正常批次历史数据 X（$I \times J \times K$），利用改进后的 AP 聚类进行阶段划分，之后分阶段建立 PCA 监控模型，具体步骤如下。

（1）阶段划分。

Step1：将三维数据按批次划分为 I 个矩阵 $X = \left[X^1, X^2, \cdots, X^I \right]^T$，其中 X^i 表示第 i 批次数据；

Step2：将 i（$i = 1, 2, \cdots, I$）批次数据作为 AP 聚类的输入，计算偏向参数 P 的不同取值与 Silhouette 准则平均值 S_{av}^i 的变化关系，其中偏向参数 P 取值的最小值为相似度矩阵 $S(i, k)$ 的最小值，最大值为 0；

Step3：计算 I 批次数据偏向参数 P 的不同取值与 Silhouette 准则的平均值 S_{av}^i（$i = 1, 2, \cdots, I$）的变化关系的均值 S_{av}^*；

Step4：通过 S_{av}^* 与偏向参数 P 的变化曲线关系确定最优偏向参数 P^*，并利用 P^* 代替相似度矩阵 $S(i, k)$ 中 $S(k, k)$ 作为 AP 聚类的输入，对间歇过程进行阶段划分。

（2）建立多阶段 MPCA 模型。

Step1：将正常批次历史数据 X（$I \times J \times K$）沿批次方向展开进行中心化、量纲归一化；

Step2：在划分好的每个阶段 c 内建立 PCA 模型，采用主元贡献率法确定主元个数，并求得 T^c 和 P^c；

Step3：计算每个阶段内监控统计量 T^{2c} 和 SPE^c，本节每个阶段内监控统计量计算方法是基于阶段信息，其具体计算方法将在下一节说明；

Step4：分阶段建立好监控模型之后，就要利用模型对新批次数据进行在线监测。

2.4.5　基于阶段的监控统计量

传统 MPCA 用于故障监测时，通常使用 T^2 和平方预测误差 SPE 统计量来监测过程是否运行正常。然而传统 T^2 的控制上限计算是基于批次数的，如式（2-12）所示，不能体现阶段的变化信息。因此，本书采样一种基于阶段内采样点个数的监控限计算方法，其定义如下：

$$T_{c\alpha}^2 \sim \frac{R(N_c^2 - 1)}{N_c(N_c - R)} F_{R,N_c-R,\alpha} \qquad (2-28)$$

式中，N_c 为第 c 个子阶段的采样点个数；$F_{R,N_c-R,\alpha}$ 表示自由度为 R，$N_c - R$ 的 F 分布；α 为置信度。

同理，每个子阶段 SPE 统计量的监控限可由式（2-29）计算：

$$SPE_{ck_\alpha} \sim g_{ck}\chi_{ck,h_{ck},\alpha}^2$$

$$g_{ck} = \frac{v_{ck}}{2m_{ck}} \qquad (2-29)$$

$$h_{ck} = \frac{2m_{ck}^2}{v_{ck}}$$

式中，m_{ck} 和 v_{ck} 分别表示建模数据中第 c 阶段内所有批次测量数据在 k 时刻的 SPE 均值和方差。

2.5　仿真验证与结果分析

2.5.1　青霉素发酵过程简介

青霉素是大规模用于临床的一种抗生素，其发酵过程是青霉素产生菌，在合适的培养基、pH、温度等发酵条件下进行生长和合成抗生素的代谢活动。在发酵开始前，有关设备和培养基必须经过灭菌后再接入种子。在整个过程中，需要不断的空气流动和搅拌，同时维持一定的温度和罐压。在发酵过程中，往往还要加入消泡剂进行消沫，加入酸、碱以控制发酵液的 pH，最重要的是还需要间歇或连续地加入葡萄糖及铵盐等底物，或补进其他料液，来促进青霉素的生产。青霉素是青霉素菌次级代谢产物，由于产物最优生产与菌体最优生长之间不具有对应性，在发酵的不同时期，既有菌体自身的生长、繁殖、老化，又有青霉素的合成及水解，再加上发酵周期长，菌体细胞本身的遗传变异，原材料及种子质量不稳定等诸多原因，导致了过程始终处于动态之中。这将进一步造成青霉素发酵过程的严重非线性与不确定性。

青霉素发酵过程是典型的多阶段生化反应过程。从操作角度上看，主要分为两个阶段。发酵初期为间歇式操作阶段，过程的大部分必需菌体在此阶段产生。当菌体消耗大量初始加入的底物——葡萄糖时，反应进行到第二阶段，此阶段为半间歇补料操作阶段，为了保证青霉素的高产量，菌体细胞生长速率须小于某一最小值，所以在此阶段底物葡萄糖要连续补加到发酵罐中。此阶段包括青霉素的合成期和菌体死亡期。

仿真平台在化工行业已经得到了比较多的应用，如典型的 Tennessee Eastman (TE) 过程，但在生化过程的应用还较少。本书采用的 Pensim 仿真平台是由伊利诺伊科技学院 (Illinois Institute of Technology，IIT) （http://www. chee. iit. edu/~cinar/) 的 Cinar 教授作为学科带头人的过程建模、监测及控制研究小组于 1998—2002 年研究开发的。此仿真平台是专门为青霉素发酵过程而设计的，该软件的内核采用基于 Bajpai 机理模型改进的 Birol 模型，在此平台上可以简易实现青霉素发酵过程的一系列仿真，相关研究表明了该仿真平台的实用性与有效性，其已经成为国际上有重要影响的青霉素仿真平台。

该仿真平台为发酵生产的监视、故障诊断以及质量预测提供了一个标准平台，目前基于 Pensim V2.0 仿真平台已经有了不少研究成果。通过 Pensim V2.0 仿真平台可以对不同操作条件下青霉素生产过程的微生物浓度、CO_2 浓度、pH、青霉素浓度、氧浓度以及产生的热量等进行仿真。需要设定的初始化参数包括：反应时间、采样时间、生物量、发酵环境、温度控制参数、pH控制参数。图 2-3 是 Pensim V2.0 仿真平台反应流程的示意图，从图中可以看到仿真平台包括发酵罐、搅拌器、通风设备等必备部分，还包括底物、酸、碱、冷水、热水等流加部分，并设有相应的控制器。Pensim V2.0 仿真平台可以生成的过程变量如表 2-1 所示。

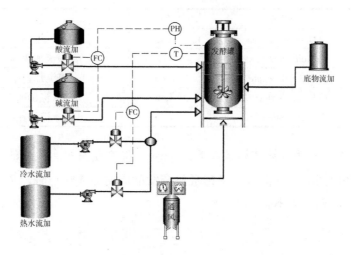

图 2 - 3　Pensim V2. 0 仿真平台反应流程

Fig. 2 - 3　Flow of Pensim V2. 0 simulation platform

表 2 - 1　Pensim V2. 0 仿真平台产生的过程变量

Table 2 - 1　Variables generated by Pensim V2. 0 platform

序号	变量	单位	说明
1	Sampling time	h	采样时间
2	Aeration rate	L/h	通风速率
3	Agitator power	r/min	搅拌速率
4	Substrate feed flow rate	L/h	底物流加速率
5	Substrate feed temperature	K	补料温度
6	Substrate concentration	g/L	基质浓度
7	DO	%	溶解氧浓度
8	Biomass concentration	g/L	菌体浓度
9	Penicillin concentration	g/L	产物浓度
10	Culture volume	L	反应器体积
11	CO_2	mmol/L	排气 CO_2 浓度
12	pH		pH
13	Temperature	K	温度

序号	变量	单位	说明
14	Generated heat	cal	产生热
15	Acid flow rate	L/h	酸流加速率
16	Base flow rate	L/h	碱流加速率
17	Cold water flow rate	L/h	冷水流加速率
18	Hot water flow rate	L/h	热水流加速率

图 2 - 4 所示为默认初始条件下，Pensim V2.0 仿真平台生成的部分数据输入变量随时间的变化曲线。青霉素整个发酵周期为 400 小时，在建模和监控过程中，我们每 4 小时采样一次。

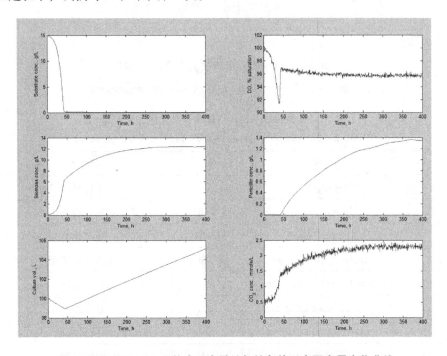

图 2 - 4　Pensim V2.0 仿真平台默认初始条件下主要变量变化曲线

Fig. 2 - 4　Changing curves of major variables by

Pensim V2.0 Platform under defaulting condition

2.5.2　青霉素发酵过程阶段划分

为了使训练样本数据可靠且足够多，预先生产 40 批次的青霉素发酵过程数据，同时为了使数据更符合实际，每批次的初始条件略有变化，选取 10 个过程变量进行监测，如表 2-2 所示，所有测量变量均加入了随机测量噪声。

表 2-2 建立模型所用变量

Table 2-2 Variables used in the monitoring of the Benchmark Model

序号	变量名称	序号	变量名称
1	通风速率	6	排气 CO_2 浓度
2	搅拌速率	7	pH
3	底物流加速率	8	温度
4	补料温度	9	产生热
5	溶解氧浓度	10	冷水流加速率

最终用以建立监测模型，表示为三维数据 X（$40 \times 400 \times 10$）。在本书中，采用 AP 聚类算法对间歇过程进行阶段划分时，AP 聚类算法的输入为一批次内的所有采样数据 X（400×10），分别计算 40 批次内不同偏向参数 P 与 S_{av} 的变化关系，然后取 40 批次结果 S_{av} 的均值 S_{av}^*。根据 S_{av}^* 与偏向参数 P 的变化曲线，最终确定最优偏向参数 P。实验中，相似度矩阵 $S(i, k)$ 的最小值为 $-3.76e+04$，所以偏向参数 P 的取值范围为 $[-3.76e+04, 0]$，偏向参数 P 与 S_{av}^* 的变化曲线如图 2-5 所示。

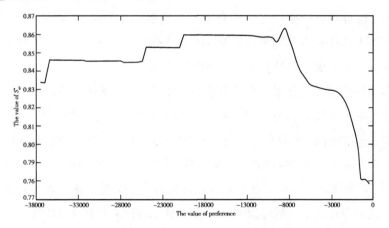

图 2-5 S_{av}^* 随偏向参数 P 变化曲线

Fig. 2-5 The value of S_{av}^* with the change of preference

分析图 2-5 可以发现，当 P 取值为 -9056 时，S_{av}^* 取得最大值 0.864，进而 AP 聚类的输入为相似度矩阵 $S(i, k)$，其中用 $P^* = -9056$ 代替 $S(k, k)$ 值。图 2-6 所示为 P 取值为 -9056 时，利用 AP 聚类对发酵过程阶段划分的结果。利用 AP 聚类可以将整个过程数据分为 4 类，聚类中心分别为 26、65、128 以及 252，即在未利用其他机理知识的情况下，青霉素发酵过程被划分为 4 个阶段。

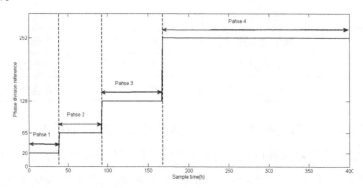

图 2-6　基于 AP 聚类的阶段划分

Fig. 2-6　Phase division result based on AP clustering

2.5.3　过程在线监测结果

为了验证本章所提出方法的有效性，使用 Lee 等提出的基于改进展开方式的 MPCA 方法和本章的多阶段 MPCA 方法分别对 Pensim V2.0 仿真平台的正常批次以及 1 批次故障数据进行在线监测研究。

离线建模时，根据累计方差贡献率（CPV）大于 85% 来确定主元个数。4 个阶段的主元个数分别为 5，4，4，4。AT-MPCA 主元个数为 4。

图 2-7 和图 2-8 分别为利用 Lee 等提出的 AT-MPCA 方法和本章的多阶段 MPCA 方法对正常批次的监控结果。分析图 2-7 可以发现，AT-MPCA 采用整体建模监测策略，虽然 T^2 统计量仅在过程前期 95% 监控限存在一定误报，但是 SPE 统计量在整个监测过程中 95% 和 99% 监控限均存在大量阶段性误报。图 2-8 为本章提出的多阶段 MPCA 方法对正常批次的监测结果。表 2-3 为两种方法对正常批次进行监测误报率的对比结果，可以看出多阶段 MPCA 方法虽然出现个别误报，但误报率已明显降低，提高了监测效率。

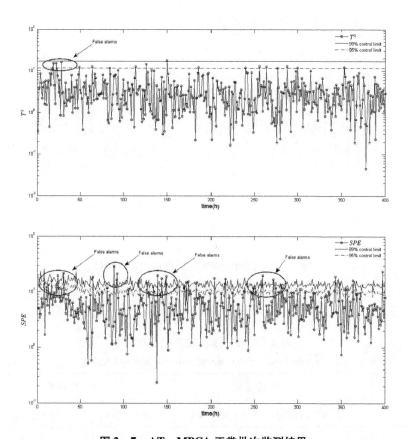

图 2 – 7 AT – MPCA 正常批次监测结果

Fig. 2 – 7 Monitoring charts of AT – MPCA in case of normal batch

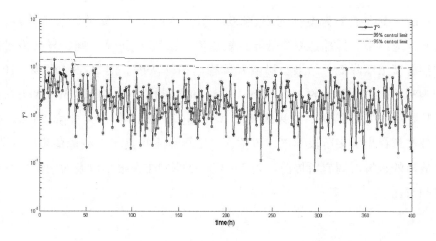

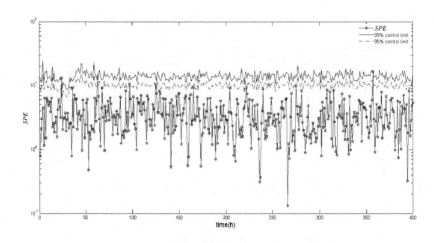

图 2 - 8　多阶段 MPCA 正常批次监测结果

Fig. 2 - 8　Monitoring charts of Multi - phases based on MPCA

in case of normal batch

表 2 - 3　正常批次监测误报率对比

Table 2 - 3　False alarm rate for normal batch

	T^2 误报率		SPE 误报率	
	99% 控制限	95% 控制限	99% 控制限	95% 控制限
AT - MPCA	9.5%	0.5%	26.5%	10.5%
本章方法	3.5%	0.5%	5%	0

　　故障批次数据为搅拌速率在 200h 引入斜率为 1.2% 的斜坡下降故障，直到反应结束。搅拌速率降低导致氧总传质系数 K_{la} 下降，间接导致发酵罐中溶解氧浓度降低，结果会影响发酵罐内菌体浓度。图 2 - 9 和图 2 - 10 分别为利用 Lee 等提出的 AT - MPCA 方法和本章提出的多阶段 MPCA 方法对故障批次的监控结果。结果表明整体建模策略依旧存在大量阶段性误报，此外本章提出的多阶段 MPCA 方法在一定程度上提高了对故障的报警能力，对故障的报警时间有所提前。表 2 - 4 为两种方法误报率以及对故障的报警时间对比。

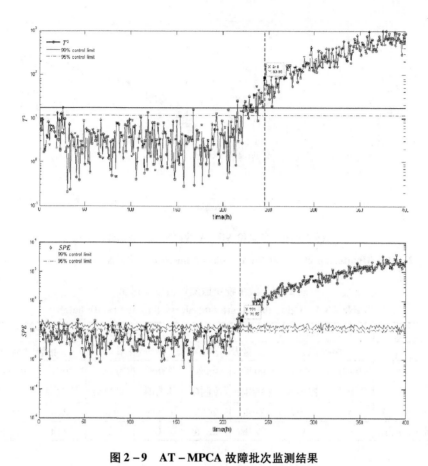

图 2 – 9　AT – MPCA 故障批次监测结果

Fig. 2 – 9　Monitoring charts of AT – MPCA in case of faulty batch

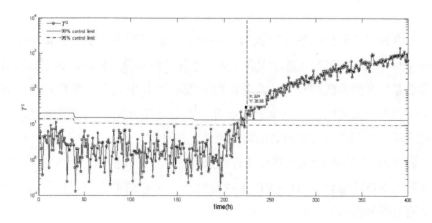

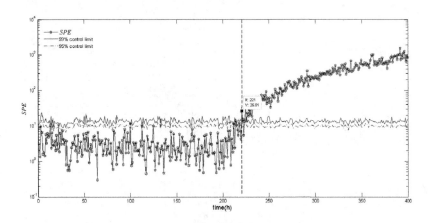

图 2 - 10　多阶段 MPCA 故障批次监测结果

Fig. 2 - 10　Monitoring charts of Multi - phases based on MPCA in case of faulty batch

表 2 - 4　故障批次监测误报率和对比

Table 2 - 4　False alarm rate and alarm time for faulty batch

	T^2				SPE			
	误报率		报警时刻		误报率		报警时刻	
	99% 控制限	95% 控制限	99% 控制限	95% 控制限	99% 控制限	95% 控制限	99% 控制限	95% 控制限
AT - MPCA	3.5%	8.5%	246h	246h	0.5%	4%	221h	221h
本章方法	0	0	224h	224h	0	0	221h	221h

2.6　本章小结

　　本章针对多阶段间歇过程提出了一种过程阶段划分方法。其思想是基于 Silhouette 准则对 AP 聚类进行改进，从而指导阶段划分。同时，为了克服沿批次和变量展开的方法的缺陷，在分阶段建模的过程中采用一种将两种展开方式相结合的展开策略进行三维数据展开。本章详细介绍了该方法的基本原理及该方法用于间歇过程监测时的监控统计量的计算。

　　通过基于 Pensim V2.0 平台的青霉素发酵过程仿真监测实验，将本章提出的多阶段 MPCA 方法与 AT - MPCA 进行对比，实验结果表明了分阶段建模策略的有效性和合理性。

第3章 基于 MAR – PCA 的
间歇过程监测研究

3.1 引 言

针对间歇过程具有的多阶段特性，第 2 章提出了基于改进 AP 聚类的阶段划分方法，在一定程度上提高了过程的监测精度。然而，分析第二章多阶段 MPCA 的监测结果可以发现，采用分阶段建模的策略在监测青霉素发酵过程时，虽然误报率有所降低，但是并未完全消除误报率。分析其原因，是由于传统 MSPM 方法需要模型训练数据满足独立性同正态分布的条件。所谓独立性条件，是指每次数据的采样是独立进行的，本次的采样不会受到前次采样的影响。根据概率论理论可知，当数据满足正态分布时，独立性就等价于不相关性。但就实际工业过程，尤其是以批次生产为核心的间歇过程而言，各种随机噪声和干扰的存在，特别是工业过程闭环控制会将干扰的影响传播到各输入输出变量的采样中，进而导致过程测量变量呈现出相应的自相关和互相关特性，最终结果是数据无法满足独立性的假设条件。

为考虑动态特性对过程监测性能的影响，国内外学者提出了许多改进方法，其中影响最为广泛的是 Ku 等提出的 DPCA 方法。该方法通过引入时滞数据将模型训练数据进行扩展，扩展数据可较好地描述变量与过去时刻采样之间的关系，在 TE 过程以及后人 Chen 在间歇过程上的应用都在一定程度上表明了该算法的有效性。但是如绪论中所述，根据 Kruger 证明，DPCA 算法并不能有效地消除数据动态性对过程监测的影响。在实施 DPCA 后，即使原始数据满足独立性条件，DPCA 分析得到的潜隐变量可能也无法满足独立性条件，即 DPCA 算法可能会引入动态性。为了弥补 DPCA 的不足，Kruger 于 2004 年提出了 ARMA – PCA 算法用于连续过程，通过辨识出系列单变量

ARMA滤波器来去除 PCA 潜隐变量的自相关性，但该算法并未考虑变量的互相关性。

为同时描述变量之间的自相关性和互相关性，本章提出了一种多变量自回归主元分析方法（Multivariate Auto Regression PCA，MAR – PCA），将单变量过程的时间序列分析方法推广到多变量情形，建立相应的多变量 AR 模型，通过对 MAR 模型的残差建立 PCA 模型来消除过程动态性的影响，提高对间歇过程监测的有效性。

3.2　动态性对过程监测的影响

所谓过程的动态特性，即由于噪声及其他干扰的存在，导致过程测量变量呈现出相应的自相关和互相关特性。谢磊博士在其博士论文中给出过程相关系数的定义，见定义 3.1。

定义 3.1　设 n 维均值为零的高斯随机序列变量 $\boldsymbol{X} = \begin{bmatrix} x_1, & x_2, & \cdots, & x_n \end{bmatrix}^{\mathrm{T}} \in \boldsymbol{R}^n$，其相关系数矩阵定义为 $\boldsymbol{\rho}(\tau)$，相关系数矩阵的第 i 行第 j 列元素计算公式为：

$$\rho_{i,j}(\tau) = \frac{\mathrm{Cov}(x_i(t), x_j(t - \tau))}{\sqrt{\mathrm{Cov}(x_i(t), x_i(t)) \times \mathrm{Cov}(x_j(t), x_j(t))}}, 1 \leqslant i, j \leqslant n$$

$$(3 - 1)$$

其中，$\mathrm{Cov}(x_i, x_j)$ 为 x_i 和 x_j 的互相关函数，定义为：

$$\mathrm{Cov}(x_i(t), x_j(t - \tau)) = \begin{cases} \dfrac{1}{N - \tau} \displaystyle\sum_{t = \tau + 1}^{N} x_i(t) \times x_j(t - \tau), & \tau > 0 \\[4mm] \mathrm{Cov}(x_i(t), x_j(t - (-\tau))), & \tau < 0 \end{cases}$$

$$(3 - 2)$$

其中，N 为采样个数。当 $\boldsymbol{X}$ 满足均值为零的条件时，其相关函数与协方差函数的定义是一致的。当 $\boldsymbol{X}$ 满足独立条件或为高斯白噪声时，对于任意 $1 \leqslant i, j \leqslant n$，$\tau \neq 0$，则有 $\rho_{i,j}(\tau) = 0$。

基于 PCA 的过程监测常用的监控统计量为 T^2 和 SPE，两个监控统计量在对过程进行监控时，一般都会设置置信度。按照统计学中假设检验研究可知，监控过程中的误报率（False Alarms Rate）即为犯第 I 类错误。所谓第 I 类错误，就是当假设 H0 实际为真时，我们可能犯拒绝 H0 的错误。误报率的物理含义就是在过程的正常运行过程中，相关的监控统计量超出监控限而造成的错误报警比例。当过程数据满足独立性同正态分布的条件时，PCA 的监控统计量 T^2 的误报率应等于显著水平 α。误报率作为过程监控的 个重要参数，若误报率过高，监控系统则会在过程正常运行时频繁报警，这样势必增加操作人员的负担。当然，在防止犯第 I 类错误的同时，也要防止犯第 II 类错误，当第 II 类错误概率较高时，则会导致系统对过程可能存在的故障不敏感。

Kruger 在分析过程动态特性对 DPCA 算法的影响时指出，数据间自相关和互相关的存在，势必会导致监控过程中具有较高的误报率。

3.3　基于 MAR – PCA 的间歇过程监测

经上一节分析可知，由于动态特性的存在，导致监控过程中频繁出现误报，降低了监控的效率。Kruger 提出的 ARMA – PCA 算法虽然能有效消除过程潜隐变量的自相关性，但该算法并未考虑变量的互相关性，导致监控结果仍有较高的误报率。在此，本节将详细描述将单变量过程的时间序列分析方法推广到多变量情形，建立相应的多变量 AR 模型来消除过程的自相关性和互相关性，提高间歇过程监测的有效性。除此之外，建立自回归模型的数据需要满足一定条件，其中一个重要条件便是测量变量自相关的拖尾性与偏相关的截尾性，所以在应用 MAR – PCA 算法时，需要验证此条件是否满足。通过之后章节的青霉素发酵过程仿真平台以及大肠杆菌发酵现场实验数据测量变量自相关的拖尾性与偏相关的截尾性结果表明，数据是基本满足此条件的，这也进一步增强了本节算法的可行性。

3.3.1　MAR 模型

对间歇过程数据建立 MAR 模型，同样需要对三维数据进行二维展开处理。首先，将三维数据沿批次方向展开，然后进行标准化处理。此时，我们分别对每批次数据建立当前时刻与前 L 时刻的关系，进而得到批次 i 的 MAR 模型的残差 $\boldsymbol{E}^i$。在无特殊说明的情况下，本小节的上标 i 均表示某一批次。每一批次 i 的 MAR 模型如下：

$$\boldsymbol{X}_k^i = \sum_{l=1}^{L} \boldsymbol{\varphi}_l^i \boldsymbol{X}_{k-l}^i + \boldsymbol{e}_k^i \qquad (3-3)$$

其中，$k = L,\ L+1,\ \cdots,\ K$；L 通过 Akaike 信息准则（AIC）确定，$\boldsymbol{X}_k^i$，$\boldsymbol{e}_k^i \in \boldsymbol{R}\ (J \times 1)$ 分别为第 i 批次数据在 k 时刻的测量变量和模型残差；$\boldsymbol{X}_{k-l}^i$ 为第 i 批次数据在第 $k-l$ 时刻的测量变量；$\boldsymbol{\varphi}_l^i \in \boldsymbol{R}\ (J \times J)$ 为第 i 批次数据在第 $k-l$ 时刻的模型系数向量。Akaike 信息准则定义如下：

$$AIC(L) = N\ln\sigma_a^2 + 2L$$

$$\sigma_a^2 = \frac{\Delta}{N-L} \qquad (3-4)$$

$$\Delta = \sum_{t=L+1}^{N} (x_k^i - \varphi_1 x_{t-1} - \varphi_2 x_{t-2} - \cdots - \varphi_L x_{t-L})^2$$

其中，L 为模型阶次，N 为采样点数，σ_a^2 为残差的方差，Δ 为残差平方和。φ_1，φ_2，$\cdots$，φ_L 为式（3-3）中的模型系数矩阵。

式（3-3）可写成如下形式：

$$\boldsymbol{X}_k^i = \boldsymbol{\Phi}^i \boldsymbol{X}_{k-1:k-L}^i + \boldsymbol{e}_k^i \qquad (3-5)$$

其中，$\boldsymbol{X}_{k-1:k-L}^i \equiv [(x_{k-1}^i)^{\mathrm{T}}\ (x_{k-2}^i)^{\mathrm{T}} \cdots (x_{k-L}^i)^{\mathrm{T}}]^{\mathrm{T}} \in \boldsymbol{R}\ (JL \times 1)$，$\boldsymbol{\Phi}^i = [\varphi_1,\ \varphi_2,\ \cdots,\ \varphi_L] \in \boldsymbol{R}\ (J \times JL)$ 为增广系数矩阵。由于过程的测量变量存在自相关和互相关，常用的模型系数矩阵辨识算法如 LSM（Least Squares Method）、最大似然估计（Maximum Likelihood Estimation）等均不适用于 MAR 模型，在此，本书选择使用偏最小二乘（PLS）方法进行辨识。每一批次数据 MAR 模型系数矩阵辨识过程中 PLS 模型定义如下：

$$\boldsymbol{X}_{k-1:k-L}^i = \boldsymbol{P}_{\mathrm{PLS}}^i \boldsymbol{t}_k^i + \boldsymbol{v}_k^i \qquad (3-6)$$

$$\boldsymbol{X}_k^i = \boldsymbol{Q}_{\mathrm{PLS}}^i \boldsymbol{B}^i \boldsymbol{t}_k^i + \boldsymbol{e}_k^i \qquad (3-7)$$

其中，$\boldsymbol{t}_k^i \in \boldsymbol{R}\ (Z)$ 为 PLS 模型对应 $\boldsymbol{X}_{k-1:k-L}^i$ 的得分向量，Z 为 PLS 模型主

元个数；P_{PLS}^i 和 Q_{PLS}^i 为负载矩阵，v_k^i 和 e_k^i 分别为 $X_{k-1:k-L}^i$ 和 X_k^i 的残差向量；B^i 为模型回归系数矩阵。本节中使用的 PLS 模型是非线性迭代偏最小二乘算法（Non–linear Iterative Partial Least Squares，NIPALS）。具体算法描述，可参考相关文献。

PLS 模型建立之后，我们便可以得到得分向量，如式（3–8）所示：

$$t_h^{i\mathrm{T}} = X_{h\ 1:h\ L}^{i\mathrm{T}} H^{i\mathrm{T}} \tag{3–8}$$

其中，$H^{i\mathrm{T}} \equiv W^i (P_{PLS}^{i\mathrm{T}} W^i)^{-1}$，$W^i$ 为 PLS 模型计算中 $X_{k-1:k-L}^{i\mathrm{T}}$ 的权重矩阵。

最终，式（3–5）所示的 MAR 模型的系数矩阵 $\boldsymbol{\Phi}^i$ 可按下式计算：

$$\boldsymbol{\Phi}^{i\mathrm{T}} = H^{i\mathrm{T}} B^i Q_{PLS}^{i\mathrm{T}} \tag{3–9}$$

按式（3–4）和式（3–9）所示，我们便可以得到 i（$i=1, 2, \cdots, I$）批次 MAR 模型的阶次 L 和模型系数矩阵 $\boldsymbol{\Phi}^i$。

3.3.2　基于 MAR 模型残差的 MPCA 监控模型

对每一批次间歇过程测量变量分别建立 MAR 模型之后，将 I 批次的 MAR 模型残差进行整合，重新构成三维数据 $E = [E^1, E^2, \cdots, E^I]$，其中第 i 个 MAR 模型的残差为 $E^i \in R((K-L) \times J)$，$E^i = (e_L^i, e_{L+1}^i, \cdots, e_K^i)$，$e_k^i$ 为第 i 批次数据在 k 时刻的模型残差，$e_k^i = (e_{k,1}^i, e_{k,2}^i, \cdots, e_{k,J}^i)$，$e_{k,j}^i$ 表示第 i 批次数据在 k 时刻的第 j 个变量的模型残差。

采样沿变量方向展开得到 $E'((K-L)I \times J)$，如式（3–10）所示：

$$E' = \begin{bmatrix} e_{L,1}^1 & e_{L,2}^1 & \cdots & e_{L,J}^1 \\ e_{L,1}^2 & e_{L,2}^2 & \cdots & e_{L,J}^2 \\ \vdots & \vdots & & \vdots \\ e_{L,1}^I & e_{L,2}^I & \cdots & e_{L,J}^I \\ \vdots & \vdots & & \vdots \\ \vdots & \vdots & & \vdots \\ e_{K,1}^1 & e_{K,2}^1 & \cdots & e_{K,J}^1 \\ e_{K,1}^2 & e_{K,2}^2 & \cdots & e_{K,J}^2 \\ \vdots & \vdots & & \vdots \\ e_{K,1}^I & e_{K,2}^I & \cdots & e_{K,J}^I \end{bmatrix} \tag{3–10}$$

E'作为 PCA 模型的输入，建立 PCA 模型，如式（3-11）所示：

$$E' = T_{\text{PCA}}(P_{\text{PCA}})^{\text{T}} + E_{\text{PCA}} \qquad (3-11)$$

其中，$T_{\text{PCA}} \in R(I(K-L) \times R)$，$P_{\text{PCA}} \in R(J \times R)$ 和 $E_{\text{PCA}} \in R(I(k-L) \times R)$ 分别为 PCA 模型的得分矩阵、负载矩阵和残差矩阵。根据主元贡献率大于 85% 确定主元个数 R，通过得分矩阵与残差矩阵来计算监控统计量 T^2 和 SPE 以及相应的监控限，对新批次数据进行监控。新批次数据 MAR 模型的系数矩阵为 I 批次建模训练数据 MAR 模型系数矩阵的均值 $\hat{\Phi}$，计算公式如下：

$$\hat{\Phi} = \frac{1}{I-1}\sum_{i=1}^{I}\Phi^i \qquad (3-12)$$

3.4　MAR-PCA 算法步骤

3.4.1　MAR-PCA 离线建模

MAR-PCA 算法对间歇过程进行监测采用离线建模在线监测的策略。图 3-1 所示为 MAR-PCA 方法对间歇过程进行监测离线建模的总体框图。

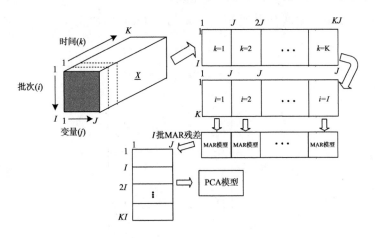

图 3-1　MAR-PCA 离线建模

Fig. 3-1　Flow of MAR-PCA modeling

采集正常操作条件（normal operating condition，NOC）下获得的 I 批次数据建立模型参考数据库，并利用此数据库建立 PCA 统计模型，计算相应的 T^2、SPE 等统计量的控制限。具体步骤如下。

Step1：将建模三维数据沿批次方向展开，提取各列均值与标准差，进行标准化处理；

Step2：提取标准化处理后的每一批次数据建立 MAR 模型，其中，模型阶次 L 由 AIC 确定，模型系数矩阵由 PLS 方法辨识，并计算 $\hat{\Phi}$；

Step3：整合 I 批次 MAR 模型的残差矩阵，重新组成三维矩阵，并使用沿变量方向展开的方法进行重排列得到 E'；

Step4：对重排列后的 E' 建立 PCA 模型得到得分矩阵 T_{PCA}、负载矩阵 P_{PCA} 和残差矩阵 E_{PCA}，并计算协方差矩阵 $S = \mathrm{diag}\,(\lambda_1，\lambda_2，\cdots，\lambda_R)$；

Step5：计算 T^2、SPE 等统计量并确定其控制限。

3.4.2　基于 MAR – PCA 在线监测

对新批次数据进行在线监测的具体步骤如下。

Step1：在新批次在线测量 L 时刻后，从时刻 k 开始（$k = L+1$，$L+2$，$\cdots$，K），对获得的测量变量数据 $x_k^{new} \in \boldsymbol{R}^{1 \times J}$，采用离线模型相应时刻的均值和标准差进行标准化处理；

Step2：根据离线建模得到的 $\hat{\Phi}$，计算当前时刻 k 的 MAR 模型残差 e_k^{new}；

Step3：利用离线建模得到的载荷均值 P_{PCA}，对 e_k^{new} 进行 PCA 分解，计算 k 时刻的得分向量：

$$t_{PCA,k}^{new} = P_{PCA}^{T} \boldsymbol{\Psi} e_k^{new} \qquad (3-13)$$

其中，$\boldsymbol{\Psi}$ 为归一化矩阵；

Step4：计算 PCA 模型残差 $e_{k,PCA}^{new}$，计算公式如下：

$$e_{PCA,k}^{new} = (I - P_{PCA}^{c} P_{PCA}^{cT}) \boldsymbol{\Psi} e_k^{new} \qquad (3-14)$$

Step5：根据式（2–12）和式（2–13）分别计算 k 时刻的 T^2、SPE 统计量；

Step6：检查 T^2、SPE 统计量是否超出各自的控制限。若统计量出现超出其控制限的现象，则说明过程中可能出现了故障，此时结合 T^2 和 SPE 贡献图分析故障可能产生的原因，进一步排除或隔离故障。

Step7：重复 Step1 ~ Step6，直到新批次的过程结束。

3.5 数值实例仿真研究

采用 Kruger 以及 Ku 使用的数值实例，进行蒙特卡罗方法实验，研究数据变量之间的相关性，并研究动态性对监控系统性能的影响。此实验产生的数据是满足 AR 建模条件的，在此便不再进行自相关的拖尾性与偏相关的截尾性验证，仿真实例如下：

$$\begin{cases} z(k) = \boldsymbol{A}z(k-1) + \boldsymbol{B}v(k-1) \\ y(k) = z(k) + f(k) \end{cases} \quad (3-15)$$

其中 $\boldsymbol{A} = \begin{bmatrix} 0.118 & -0.191 \\ 0.847 & 0.264 \end{bmatrix}$，$\boldsymbol{B} = \begin{bmatrix} 1 & 2 \\ 3 & -4 \end{bmatrix}$，$z(k)$ 与 $f(k)$ 分别是过程

状态与测量噪声。$v(k)$ 是过程的输入，定义如下：

$$\begin{cases} v(k) = \boldsymbol{C}v(k-1) + \boldsymbol{D}w(k-1) \\ u(k) = v(k) + g(k) \end{cases} \quad (3-16)$$

其中 $\boldsymbol{C} = \begin{bmatrix} 0.811 & -0.226 \\ 0.477 & 0.415 \end{bmatrix}$，$\boldsymbol{D} = \begin{bmatrix} 0.193 & 0.689 \\ -0.320 & -0.749 \end{bmatrix}$，$w(k)$ 为单位

方差的白噪声，且均值为零；$g(k)$ 为测量噪声，叠加到 $v(k)$ 构成输入测量信号 $u(k)$。测量噪声满足：$f(k) \sim N(0, 0.05 \times E(x(k)))$，$g(k) \sim N(0, 0.05 \times E(v(k)))$。

按照式（3-15）和式（3-16）进行多次蒙特卡罗实验，产生时间序列数据，重复次数为 45 次，即产生 45 批次数据用来建模，每次生成 1000 个 y 和 u，每批次数据矩阵为 1000×4，并进行数据分析。

对于相关系数的大小所表示的意义目前在统计学界尚不一致，但通常按表 3-1 的关系。

图 3-2 为实验数据变量之间相关系数，图中横坐标对应公式（3-1）中参数 τ，纵坐标对应自（互）相关系数；图中上下限为 ±0.30，用来判断变量的相关程度。

表 3 – 1　相关系数与相关程度关系

Table 3 – 1　Relationship of correlation coefficient and degree of correlation

相关系数	相关程度
0. 00 ~ ±0. 30	微相关
±0. 30 ~ ±0. 50	实相关
±0. 50 ~ ±0. 80	显著相关
±0. 80 ~ ±1. 00	高度相关

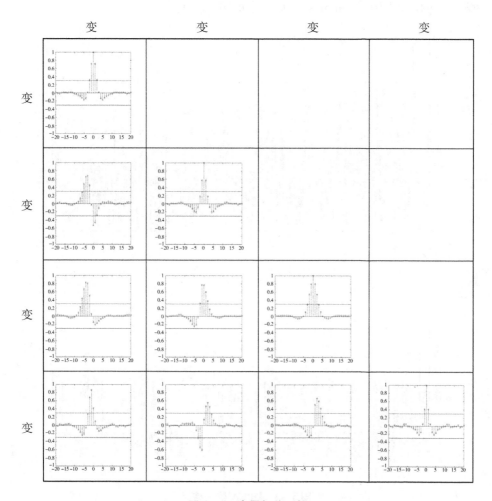

图 3 – 2　变量相关系数

Fig. 3 – 2　Correlation coefficient of variables

分析图 3-2 中变量相关系数可知,此数值实例测量变量存在明显的自相关和互相关。为了验证本章提出的 MAR-PCA 算法的有效性,对此数值实例分别建立 DPCA 模型和 MAR-PCA 模型。其中,DPCA 模型中滞后时间 $h=1$,即 $X_{\mathrm{DPCA}} = \begin{bmatrix} Y_0, & U_0, & Y_{-1}, & U_{-1} \end{bmatrix} \in \mathfrak{R}^{999 \times 8}$,主元个数 $\boldsymbol{R} = 5$。训练批次均为 45 批次。图 3-3 为 DPCA 模型计算的监控结果图。图中置信限为 99%,可以看出,T^2 和 SPE 均存在大量误报警。图 3-4 为 DPCA 模型的主元得分的相关系数,可以看出 DPCA 模型并未有效消除变量的相关性,这也正是导致图 3-3 的监控图中 T^2 和 SPE 有大量误报警的原因。

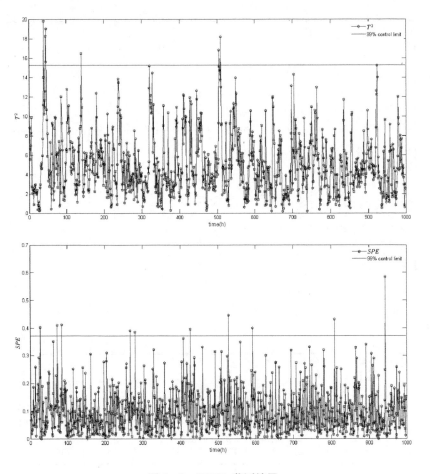

图 3-3　DPCA 监测结果

Fig. 3-3　Monitoring charts of DPCA

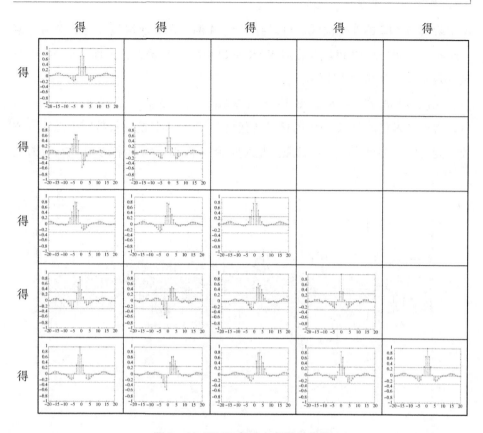

图3-4 DPCA 得分向量相关系数

Fig. 3-4 Correlation coefficient of Scores of DPCA

MAR-PCA 建模过程中，MAR 模型阶次 L 由 AIC 确定，图3-5为不同

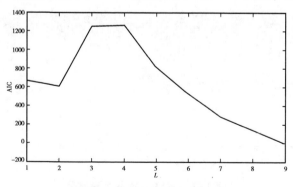

图3-5 AIC 随 L 的变化曲线

Fig. 3-5 The value of AIC with the change of L

模型阶次与 AIC 的变化曲线，可以看到 $L=4$ 时，AIC 取得最大值。当确定模型阶次后，便可利用 PLS 方法对 MAR 系数矩阵进行辨识，进而得到 MAR 模型的残差以及 PCA 监控模型。

相比 DPCA 监控结果，图 3-6 为 MAR-PCA 的监控结果图。由图 3-6 可以看出，置信限 99% 和 95% 的监控统计量 T^2 和 SPE 的误报警完全消除，监控性能有明显的提高。分析其原因是对原始变量建立 MAR 模型可以有效消除

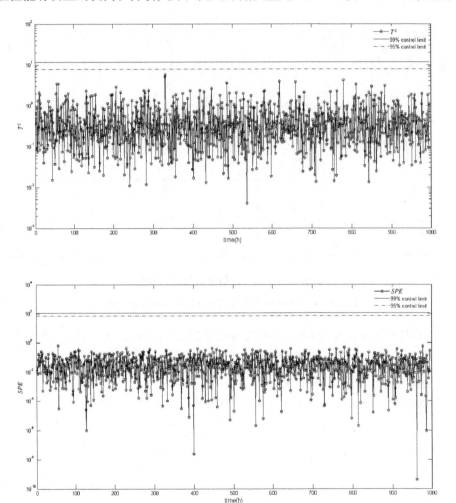

图 3-6　MAR-PCA 监测结果

Fig. 3-6　Monitoring charts of MAR-PCA

变量的自相关和互相关。图 3-7 为与原始变量相对应的 MAR 模型残差的相关系数，可以发现 MAR 的残差相关性基本消除。满足了 PCA 建模的独立性条件。

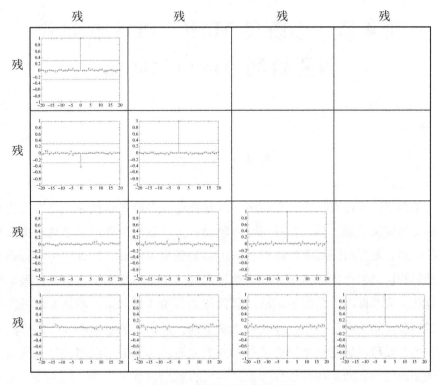

图 3-7　MAR 残差相关系数

Fig. 3-7　Correlation coefficient of residuals of MAR

3.6　本章小结

　　本章首先介绍了过程动态特性对监控性能的影响，由于动态性的存在，会大大增加过程监控的误报率。针对过程变量存在的自相关和互相关特性，提出了 MAR-PCA 的间歇过程监控方法。该方法将单变量 AR 模型扩展到多变量情况，不仅消除了变量的自相关性，而且考虑到变量之间的互相关性。通过对 MAR 模型的残差建立 PCA 监控模型，明显消除了由于动态性而导致的监控过程较高的误报率。通过数值实例的蒙特卡罗实验，分析并验证了 DPCA 监控算法无法消除过程动态性，同时验证了本章提出算法的有效性。

第4章 多阶段 MAR – PCA 在间歇过程监测中的应用研究

4.1 引 言

前两章分别针对间歇过程监测时过程数据的多阶段特性和动态特性提出了相应的解决措施。然而，对实际间歇过程生产进行监测时，单独解决多阶段特性或者动态特性并不能取得较好的监测效果。例如，第2章中对青霉素发酵过程仿真平台进行监测时，虽然过程的误报率有所降低，但是误报率仍然存在。究其原因，是由于间歇过程往往是多阶段性和动态特性并存的。间歇过程阶段划分之后，在过程的每个阶段内，过程的测量噪声等影响依然是存在的，导致测量变量之间仍是存在相关关系。这就需要我们同时对间歇过程的多阶段性和动态特性加以考虑，不仅将整个过程划分为不同阶段，而且在每个阶段内消除动态性，建立相应的监测模型。这种综合考虑间歇过程两方面特性的监测建模策略也是国内外许多学者所共同关心的话题。

本章针对间歇过程监测过程中需要考虑的多阶段性和动态特性，将前两章的方法进行融合，给出一套完整的，同时解决过程多阶段性和动态特性的监测方案。此方案的最终效果是，在监测到过程故障的同时，有效降低对正常过程的误报警，更好地指导生产。

4.2 多阶段 MAR – PCA 算法

正如第2章所提及的，多阶段 MPCA 由于在建模过程中考虑了过程的阶段信息，在监控过程中表现出了较好的监控结果。但是，为了进一步消除每个阶段内过程的动态特性，我们在划分好的每个阶段内建立 MAR – PCA 模型。此外，这种监控策略每个阶段内 MAR 模型残差数据基本满足线性和独立性的条件，更适合作为 PCA 的输入。

图 4 – 1 给出了多阶段 MAR – PCA 算法的总体框图。其具体理论已在第 2、3 章进行了介绍，在此进一步对整个算法的步骤分两部分进行介绍。

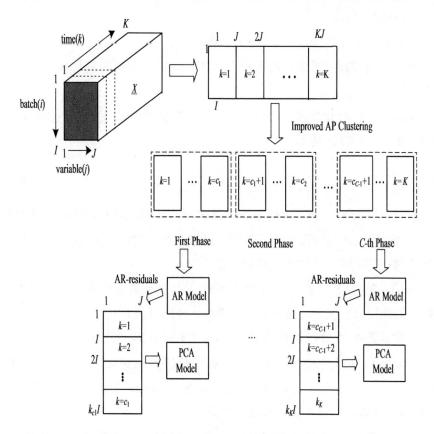

图 4 – 1　多阶段 MAR – PCA

Fig. 4 – 1　Procedure of Multi – phase based MAR – PCA

（1）阶段划分步骤。

Step1：将三维数据按批次划分为 I 个矩阵 $\boldsymbol{X} = (X^1, X^2, \cdots, X^I)^T$，其中 X^i 表示第 i 批次数据。

Step2：将批次 i（$i = 1, 2, \cdots, I$）数据作为 AP 聚类的输入，计算偏向参数 P 不同取值与 Silhouette 准则平均值 S_{av}^i 的变化关系，其中偏向参数 P 的取值最小值为相似度矩阵 $S(i, k)$ 的最小值，最大值为 0。

Step3：计算 I 批次数据偏向参数 P 不同取值与 Silhouette 准则的平均值 S_{av}^i（$i = 1$，2，$\cdots$，I）的变化关系的均值 S_{av}^*。

Step4：通过 S_{av}^* 与偏向参数 P 变化曲线关系确定最优偏向参数 P^*，并利用 P^* 代替相似度矩阵 S（i，k）中的 S（k，k）作为 AP 聚类的输入，对间歇过程进行阶段划分。

（2）建立基于阶段的 MAR - PCA 模型步骤。

Step1：将建模三维数据沿批次方向展开，提取各列均值与标准差，进行标准化处理。

Step2：将标准化处理后的数据，在每个阶段内对每一批次数据建立 MAR 模型，如式（4 - 1）所示：

$$X_k^{i,c} = \sum_{l=1}^{L} \varphi_l^{i,c} X_{k-l}^{i,c} + e_k^{i,c} \tag{4 - 1}$$

其中，$X_k^{i,c}$，$e_k^{i,c} \in R$（$J \times 1$）为 i 批次阶段 c 内时刻 k 的测量变量和模型残差，每个阶段内模型阶次 L 值不同，但都由 AIC 确定；$\varphi_l^{i,c} \in R$（$J \times J$）为 i 批次阶段 c 内时刻 $k - l$ 的模型系数向量。

Step3：整合同一阶段 c 内 I 批次 MAR 模型的残差矩阵 E^c，重新组成三维矩阵，并使用沿变量方向展开的方法进行重排列得到 $E^{c\prime}$。

这里需要对 E^c 进行特别说明。当 $c = 1$ 时，即第一阶段，$E^1 = [e_{L+1} e_{L+2} \cdots e_{k1}] \in R$（$I$（$k1 - L$）$\times J$），$k1$ 为第一阶段的结束点。当 $c > 1$ 时，$E^c = [e_{k(c-1)+1} e_{k(c-1)+2} \cdots e_{kc}] \in R$（$Ikc \times J$），$kc$ 为第 c 阶段的结束点。阶段 c（$c > 1$）的起始计算可以引入上一阶段的数据。

Step4：对重新排列后的 $E^{c\prime}$ 建立 PCA 模型，并计算协方差矩阵 $S_c = \mathrm{diag}$（$\lambda_1, \lambda_2, \cdots, \lambda_{R_c}$），PCA 模型如下：

$$E^c = T_{\mathrm{PCA}}^c (P_{\mathrm{PCA}}^c)^T + E_{\mathrm{PCA}}^c \tag{4 - 2}$$

其中，$c = 1$ 时，$T_{\mathrm{PCA}}^c \in R$（I（$k1 - L$）$\times R_c$），$P_{\mathrm{PCA}}^c \in R$（$J \times R_c$）和 $E_{\mathrm{PCA}}^c \in R$（I（$k1 - L$）$\times R_c$）分别为第一阶段 PCA 模型的得分矩阵、负载矩阵和残差矩阵；当 $c > 1$ 时，$T_{\mathrm{PCA}}^c \in R$（I（kc）$\times R_c$），$P_{\mathrm{PCA}}^c \in R$（$J \times R$）和 $E_{\mathrm{PCA}}^c \in R$（I（kc）$\times R_c$）分别为第 c 阶段 PCA 模型的得分矩阵、负载矩阵和残差矩阵；每个阶段内主元个数 R_c 可能不同。

Step5：在每个阶段内，计算 T^2、SPE 等统计量并确定其控制限。

4.3　基于多阶段 MAR – PCA 的间歇过程在线监测

本章研究的方法为基于 MAR 模型去除过程变量相关性，虽然能有效去除过程的动态特性，但是单纯基于 MAR 方法建立的监测模型，在下一节青霉素发酵过程的应用可知，其对阶跃型故障的监测效果并不佳。为了克服基于 MAR – PCA 方法对阶跃型故障不敏感的不足，本节在应用多阶段 MAR – PCA 对间歇过程进行监测时，引入历史训练数据，在线计算新批次数据 MAR 模型残差，其计算公式如下：

$$e_k^{\text{new}} = X_k^{\text{new}} - \hat{\boldsymbol{\Phi}}^c \hat{X}_{k-1:k-L} \tag{4-3}$$

其中，$\hat{\boldsymbol{\Phi}}^c$ 为 c 阶段内 I 批 MAR 模型系数矩阵的均值；X_k^{new} 为新批次在时刻 k 的测量变量；$\hat{X}_{k-1:k-L} \equiv [(\hat{X}_{k-1}), (\hat{X}_{k-2}), \cdots, (\hat{X}_{k-L})]^{\text{T}} \in \boldsymbol{R}$ $(JL \times 1)$ 为训练样本中所有批次 I 的 k 时刻之前的 L 时刻的所有变量的均值构成的向量；其中，$\hat{X}_{k-m}$ 计算公式如下：

$$\hat{X}_{k-m} = \frac{1}{I-1} \sum_{i=1}^{I} X_{k-m}^i \tag{4-4}$$

其中，I 为批次数，$m = 1, 2, \cdots L$，X_{k-m}^i 是训练样本中第 i 批次第 $k-m$ 采样时刻采集的数据。对新批次 c 阶段内，MAR 模型残差 e_k^{new} 按照式（4-5）和式（4-6）计算其得分向量和残差向量：

$$t_{\text{PCA},k}^{\text{new}} = P_{\text{PCA}}^{c\text{T}} \Psi e_k^{\text{new}} \tag{4-5}$$

$$e_{\text{PCA},k}^{\text{new}} = (I - P_{\text{PCA}}^c P_{\text{PCA}}^{c\text{T}}) \Psi e_k^{\text{new}} \tag{4-6}$$

这里只对 MAR 模型残差进行归一化处理，是由于 MAR 模型的残差已经为零均值。图 4-2 为对青霉素发酵过程 40 批次 MAR 模型残差进行零均值假设检验的结果图。假设检验结果 h 均为 0，这表明 MAR 模型残差是接受零均值假设的。

在阶段 c 内，利用求得的得分向量和残差向量，按照式（2-12）和式（2-13）分别计算监控统计量 T^2 和 SPE，用来对新批次数据进行监测。

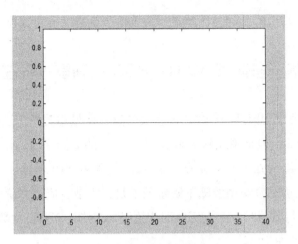

图 4 - 2   假设检验结果

Fig. 4 - 2   Result of hypothesis testing

4.4   仿真研究与结果分析

在本节仍然使用在第 2 章用过的青霉素发酵过程数据，来验证多阶段 MAR - PCA 算法的有效性。在建立监测模型之前，首先对过程变量分别计算自相关和偏相关系数，进行自相关的拖尾性与偏相关的截尾性验证。如图 4 - 3 和图 4 - 4 所示，过程测量变量是满足自相关拖尾性与偏相关截尾性的，这也进一步说明本章所提算法的可行性。此外，MAR 模型的残差相比对应的原始变量，其分布更接近高斯分布。图 4 - 5 和图 4 - 6 为建模所用变量 2（搅拌速率）和变量 5（溶解氧浓度）与对应 MAR 模型残差高斯性验证结果，结果表明，MAR 模型的残差基本满足了高斯性假设，更适合作为 PCA 的输入。在每个阶段内，MAR 模型的模型阶次和 PCA 模型的主元个数在表 4 - 1 中列出。

表 4 - 1   每个阶段内模型阶次和 R_c

Table 4 - 1   MAR Order and R_c in each phase

	Phase 1	Phase 2	Phase 3	Phase 4
MAR Order	3	3	4	5
主元个数（R_c）	6	5	5	5

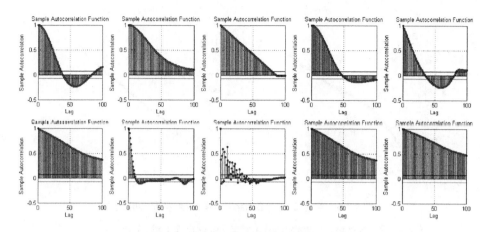

图4-3　10个变量自相关拖尾性验证

Fig. 4-3　Validation of autocorrelation trailing for 10 variables

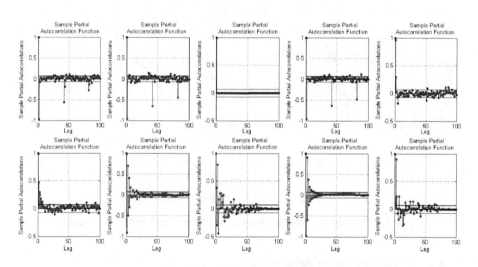

图4-4　10个变量偏相关截尾性验证

Fig. 4-4　Validation of partial correlation truncated for 10 variables

在本小节中设置了对比实验，采用基于 MAR - PCA 的整体建模策略与本章提出的多阶段 MAR - PCA 方法，分别对正常批次、阶跃型故障批次和斜坡故障批次数据进行监测。

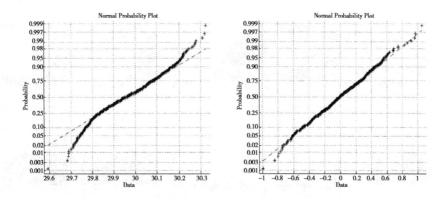

图 4 – 5　变量 2 与对应 MAR 模型残差高斯性验证

Fig. 4 – 5　Normal probability plots of Variable 2 and MAR – residuals

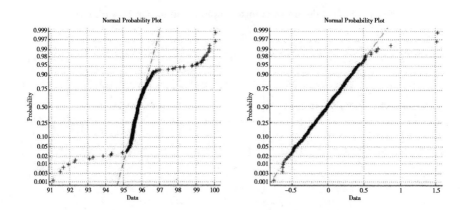

图 4 – 6　变量 5 与对应 MAR 模型残差高斯性验证

Fig. 4 – 6　Normal probability plots of Variable 5 and MAR – residuals

4.4.1　正常批次监测研究

图 4 – 7 和图 4 – 8 分别为 MAR – PCA 和多阶段 MAR – PCA 对正常批次的监测结果。对比可以发现，MAR – PCA 方法 T^2 统计量在监测开始阶段有较多的阶段性误报警，相比之下，多阶段 MAR – PCA 方法监测效果较好。

4.4.2　故障批次监测研究

表 4 – 2 为两批次故障数据的描述。故障 1 为底物流加速率在 180h 引入阶

跃为8%的下降故障直到反应结束，此故障可以认为是小幅度故障。此故障会导致分批培养过程中的碳源减少，从而最终影响青霉素发酵产物的产量。

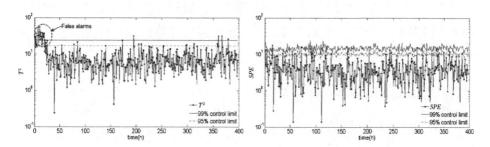

图4-7　MAR-PCA正常批次监测结果

Fig. 4-7　Monitoring charts of MAR-PCA in case of normal batch

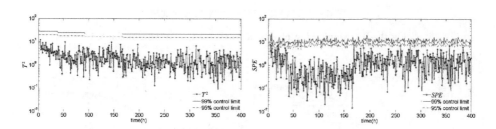

图4-8　多阶段MAR-PCA正常批次监测结果

Fig. 4-8　Monitoring charts of multi-phase based MAR-PCA in case of normal batch

表4-2　两批次故障数据

Table 4-2　Two faulty batches

	Fault type	Occurrence time （h）
1	-8% step decrease in substrate feed rate	180
2	1.2% ramp decrease in agitator power	200

图4-9和图4-10分别为MAR-PCA和多阶段MAR-PCA对故障1批次的监测结果。对比可以明显发现，本章提出的多阶段MAR-PCA方法在线监测时，由于在计算MAR模型参数时引入了历史训练数据，可以较准确、稳定地判断出阶跃型故障。然而，MAR-PCA方法具有较高误报率的同时却未能有效监测出故障的发生。

故障2为搅拌速率在第200h引入下降幅值为1.2%斜坡故障直到反应结

束。搅拌速率直接影响传质总系数 K_{la}。K_{la} 的降低导致发酵罐内溶解氧浓度下降，最终会影响青霉素菌体浓度。图 4 – 11 和图 4 – 12 分别为 MAR – PCA 和多阶段 MAR – PCA 对故障 2 批次的监测结果。通过对比可以发现，本章提出的多阶段 MAR – PCA 方法由于考虑了过程的多阶段特性和同时消除了过程的动态性，监测效果相比 MAR – PCA 有较明显提升。

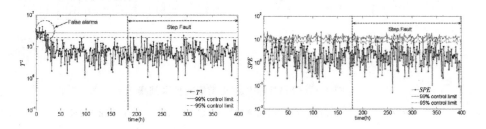

图 4 – 9　MAR – PCA 故障 1 监测结果

Fig. 4 – 9　Monitoring charts of MAR – PCA in case of Fault 1

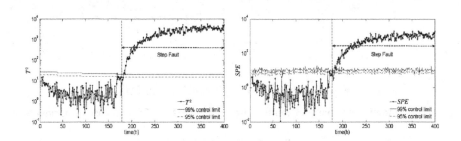

图 4 – 10　多阶段 MAR – PCA 故障 1 监测结果

Fig. 4 – 10　Monitoring charts of multi – phase based MAR – PCA in case of Fault 1

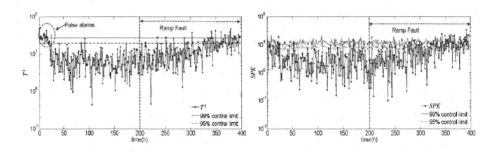

图 4 – 11　MAR – PCA 故障 2 监测结果

Fig. 4 – 11　Monitoring charts of MAR – PCA in case of Fault 2

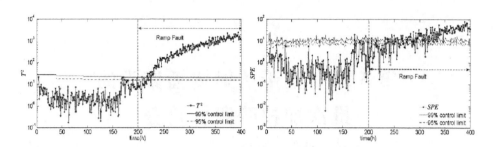

图 4 – 12　多阶段 MAR – PCA 故障 2 监测结果

Fig. 4 – 12　Monitoring charts of multi – phase based MAR – PCA in case of Fault 2

4.5　本章小结

　　本章是在前文研究的基础上，最终给出一套完整的，综合考虑间歇过程多阶段特性和动态性的监测方法——多阶段 MAR – PCA 方法。通过对青霉素发酵过程仿真数据的分析及在线监测实验研究，得出：①基于 MAR 模型消除过程动态性是可行的；②MAR 模型残差更接近于高斯分布，适合用于 PCA 建模；③引入历史训练数据更有利于对阶跃型故障的监测。

第5章　基于仿射传播聚类的批次加权阶段软化分

5.1 引　言

发酵过程是一个极其复杂的生化过程，多阶段是其固有的过程特性之一。在不同的生产阶段，参与发酵的微生物体有着不同的代谢规律，其生长特性以及生长环境也会据此发生相应的变化。在工业发酵生产中，生产企业总是希望发酵过程沿着最有利于其效益的方向进行，因此会人为干预并设置发酵环境，以保证微生物体的生长繁殖速率最快，生成目标产物的代谢过程最旺盛。

考虑到发酵过程变量数据的相关关系，由于过程表现出的多阶段性质，不同的过程阶段都有着各自不同的控制期望目标，控制目标的不同导致了主导变量和过程阶段特性的不同，此时变量数据间的相关关系也表现出了明显的阶段特性，而并非伴随时刻的延续变化。换句话说，阶段特性相似的过程部分中变量数据具有高度一致性的相关关系，即主导变量和生产的状态特性相似甚至相同，而在阶段特性不相似的过程部分，其数据相关关系就会有很大的区别。因此，要实现对发酵过程的过程监测，就必须充分考虑阶段特性的变化，做到既考虑全局过程信息，也要考虑不同阶段各自的局部属性。

针对绪论中发酵过程多阶段研究现状提到的问题，本章充分考虑过渡阶段的本质特性，通过深入分析过程稳定阶段与过渡阶段的关系，研究并实现了基于仿射传播聚类的批次加权阶段软化分。采用反距离加权（Inverse Distance Weighted，IDW）和单变量控制图对 AP 聚类算法加以改进，避免 AP 聚类以单批次数据量作为输入而不能准确描述整个生产过程阶段特性的局限性，同时解决 AP 聚类算法无法辨识过渡阶段的缺陷。

5.2　反距离加权

AP 聚类的输入是 N 个样本点两两之间相似度所构成的相似度矩阵 S，因此当其用于发酵过程的阶段划分时，只能将单个生产批次的数据用以计算得到相似度矩阵。同时，由于单个生产批次的数据无法表征出整个发酵过程的过渡阶段特性，从而无法实现过渡阶段的辨识，仅仅是将输入批次按照采样时刻硬性截取为若干个操作阶段。这也就是说，AP 聚类只能依据单个批次的数据量实现阶段的硬化分，但是由于实际发酵过程存在不同批次数据内部阶段不等长的问题，因此单个生产批次不能表征过程的过渡特性。为此，本章将多个批次的生产数据进行加权处理，使得不等长的对应阶段在加权融合之后的"重合弹性区域"充分体现出过渡过程的特性。为更加合理地表征批次间的相近性关系，文中引入反距离加权法。

反距离加权法是基于相近相似的原理：即两个物体离得越近，它们的性质就越相似，反之，离得越远则相似性越小。权重是距离倒数的函数，具体的确定公式如式（5-1）所示。

$$W_i = \frac{h_i^{-p}}{\sum\limits_{j=1}^{n} h_j^{-p}} \qquad (5-1)$$

式中，n 为样本点个数，p 为反距离的幂指数值，h_i 是两个样本点间的距离。反距离加权法是一种被广泛采用于加权平均插值法的加权方式，有时候也被称为距离倒数乘方法。反距离加权法主要依赖于反距离的幂指数值，其值是一个正整数（一般 0.5~3 的值可获得较为合理的结果），幂指数可基于距已知点的距离来控制待考察点对内插值的影响。由于幂指数影响效果的显著性，通过定义更高的幂指数可以加强对最近点的重视程度。因此，邻近数据就会越发地受到重视，表现在数据点上就会呈现出更加详细的点线效果（曲线更不平滑）。相反，如果指定较小的幂指数值，那么距离较远的点所产生的影响就会被放大，从而导致点线绘制的曲面更加平滑。

5.3 基于改进 AP 的阶段软化分

5.3.1 多批次加权融合

由于实际发酵过程批次生产的时间差异性，造成了不同生产批次间虽然相似但不相同，要将多个历史批次进行加权融合以使其表征出过程的过渡信息，从而实现过渡阶段的划分，那就不允许以相同的地位去对待每一批次。实际经验告诉我们，批次间设定不同的发酵初始条件会导致过程有不同的变量变化轨迹，所以当对在线批次进行阶段的划分以及过程监测时，结合批次中各变量的变化轨迹与发酵初始条件的紧密关系，文中采用欧式距离去描述各训练批次与在线生产批次初始条件间的相近性。不言而喻，各历史训练批次与在线生产批次的初始条件间也是一种明显的相近相似关系，即历史批次与在线生产批次初始条件间的距离越小就越能更好地表征该生产批次的特性，反之，历史批次与在线生产批次初始条件间的距离越大，其对该生产批次阶段特性的表征能力就越差。综上可知，历史批次对在线生产批次阶段特性的表征能力与两者初始条件间的距离成反比关系。

根据 2.3 节，这里假设历史训练批次数据为 X_i（$i = 1, 2, \cdots, I$），每一批次的初始条件向量表示为 I_{X_i}，待监测批次初始条件向量为 $I_{X_{\text{test}}}$，采用 IDW 的一般形式对历史批次加权融合，加权过程示意图如图 5-1 所示，得到加权后的批次：

$$X = \sum_{i=1}^{I} \lambda_i X_i \tag{5-2}$$

其中，λ_i 为对应第 i 个历史训练批次的权值，反距离幂值选取典型值 $p = 1$，由式（5-1）可知：

$$\lambda_i = \frac{D\left(I_{X_i}, I_{X_{\text{test}}}\right)^{-1}}{\sum_{j=1}^{I}\left(I_{X_j}, I_{X_{\text{test}}}\right)}, \sum_{k=1}^{I} \lambda_i = 1 \tag{5-3}$$

式中，$D\left(I_{X_i}, I_{\text{test}}\right) = \| I_{X_i} - I_{X_{\text{test}}} \|^2$ 为训练批次 X_i 与在线生产批次 X_{test} 所设定的初始条件向量 I_{X_i} 与 $I_{X_{\text{test}}}$ 间的欧式距离。

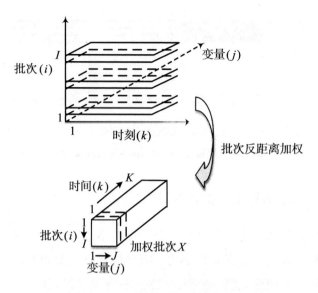

图 5−1 批次加权过程示意图

Fig. 5−1 Schematic diagram of batch weighting process

前面提到过传统 AP 聚类在处理发酵过程数据聚类过程时所存在的弊端，那就是对多批次的历史数据无能为力，只能从中以一定的"择优"原则去选择某一批次具有代表性的数据用以整个过程的聚类阶段划分。所以说，由于单一批次的过程数据并没有包含任何的过渡过程信息，因此 AP 聚类本质上是不可能实现对发酵过程普遍存在的过渡信息加以描述并剥离出来的。为此，本章从如何用单一批次的数据量体现出整个发酵过程的过渡信息这一思考点出发，探究了针对发酵过程数据的多批次加权融合方法。根据第一章的介绍可知多阶段发酵过程批次中的阶段是不等长的，且前面的分析还告诉我们历史训练批次与在线待监测批次初始条件间的距离与当前训练批次的重要程度是明显的反比关系，因此本节对多批次的发酵数据采取了反距离加权操作，由多个批次内不等长的阶段进行不对等重合产生出"重合弹性区域"，该区域的产生是阶段间转换的时刻不一致造成的，充分体现了阶段间的过渡信息。加权融合后的批次数据形式如图 5−2 所示，其中形象地表明了"重合弹性区域"的存在。

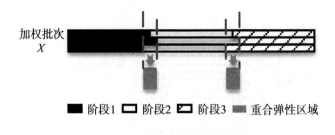

加权批次
X

■ 阶段1　□ 阶段2　▨ 阶段3　■ 重合弹性区域

图 5 – 2　加权融合数据形式

Fig. 5 – 2　The form of weighted fusion data

5.3.2　基于 AP 聚类的阶段硬化分

绪论中已经明确指出，发酵过程是典型的多阶段过程，因此为了保证后续过程监测模型建立时的误差最小化，需要将具有高度相似特征或相关关系的数据放到同一阶段建立统一模型，区别对待不同的过程阶段。

在将多个批次的发酵过程数据利用 5.3.1 节所述的加权方式融合后，对其进行一定的预处理计算，输入 AP 聚类算法即可实现阶段的初步硬化分，具体流程如图 5 – 3 所示，详细步骤如下。

（1）将加权批次数据 X 沿时间轴方向按采样时刻进行切片，得到 K（K 为采样点个数）个时间片矩阵（或时间片向量）；

（2）计算任意两时间片矩阵 x_i 与 x_k 间的相似度 S（i, k），将所有计算所得的相似度值按序排列组成相似度矩阵 S（K×K）。其中，S（K×K）的对角线元素即为各时间片矩阵本身与其自身间的相似度值，代表了其成为聚类中心的可能性大小；

（3）将 S（K×K）输入 AP 聚类算法，通过一定步骤的信息迭代竞争过程，得到最终的聚类结果，完成阶段的初步硬化分，并将整个生产过程划分为 C 个阶段，同时输出各阶段的聚类中心 $exemplar_i$（i = 1，2，…，C）。

通过以上步骤，即可实现发酵过程阶段的初步硬化分。由于阶段初步划分结果是依据数据特征的最大相似程度（或相关关系）得到的，反映的是建模时最关心的数据特征的相似程度，并不严格对应参与发酵菌体生命过程的阶段特征。

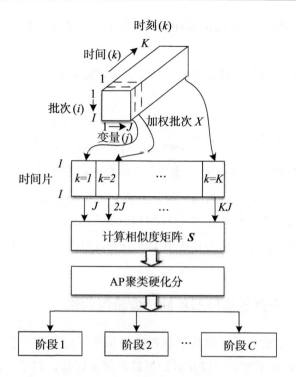

图 5 - 3　基于 AP 聚类的阶段硬化分

Fig. 5 - 3　Stage hard classifying based on AP clustering

5.3.3　阶段划分 Silhouette 准则评价

聚类结果的"优劣"程度取决于获得的每一个类集中类内离散度的紧凑程度，以及各类之间类间离散度的松散程度。显而易见，好的聚类结果会使得类内的离散度非常之小，而使得类间的离散度尽可能的大。通常情况下，类内离散度与类间离散度是通过距离的统计值进行表征的。一般来说，会选用具有一定代表性的聚类评价指标来表征对应聚类算法的聚类效果的"好坏"，一个好的聚类结果会使得聚类评价指标达到最大值（根据定义的不同，也有可能取得最小值）。基于此种思想，在保证训练集与其他条件不变的情况下，聚类算法的最优参数会使得该算法得到最优的聚类结果，从而使得聚类评价指标取最优值。因此，聚类指标与聚类算法的参数间存在着间接的对应关系，于是可以通过聚类评价指标指导聚类算法最优参数的选择。在此，本书选取较为通用的 Silhouette 准则评价 AP 聚类算法的聚类结果以及指导选择算法参考度 P。

对于样本库中的任意样本点 x_i，Silhouette 准则的值 $Silhouette$（i）计算公式如式（5－4）所示：

$$Silhouette(i) = \frac{\min\{d(x_i, C_i)\} - a(i)}{\max\{a(i), \min\{d(x_i, C_i)\}\}} \qquad (5-4)$$

式（5－4）中，d（x_i，C_i）为第 i 个样本点 x_i 与离其最近类集 C_i 内所有样本点的评价距离；a（i）为同一聚类类集 C_i 中，样本点 x_i 与该类中其余各样本点间的评价距离。$Silhouette$（i）的均值 $Silhouette_{av} = \text{mean}\left[\text{sum}\left(Silhouette\left(i\right)\right)\right]$ 可以反映某一聚类算法用于聚类的效果，并可以依此指导选择 AP 聚类算法中的参考度 P。

5.3.4　基于单变量控制图的过渡阶段辨识

基于 5.3.2 节的方法可以将发酵过程初步硬划分为若干子阶段，在此基础上采用 Silhouette 准则对该硬化分结果进行效果评估。但是，前面的分析告诉我们，阶段的硬化分仅仅是将生产过程以特征时刻进行"简单地"截取，从而得到几个数据特征相近的子阶段，并没有考虑由于生产进程客观慢时变特性造成的阶段间的过渡现象。鉴于过渡过程客观存在的事实，以及其中所表现出的严重动态特性，有必要将该部分所包含的过程数据剥离出来单独进行建模分析，以消除其对发酵过程监测的不利影响。

图 5－4 所示为本章提出的基于单变量控制图的过渡阶段辨识方法示意图。具体实现步骤如下。

（1）使用 Silhouette 准则评价 5.3.2 节中阶段硬化分后所有样本点聚类结果的"优劣"程度，得到评价向量 $Silhouette$（i）（$i = 1$，2，…，N）；

（2）依据 5.3.3 节中提到的 $Silhouette$（i）的均值计算公式求取 $Silhouette_{av}$，通过前期分析结果判断 $Silhouette_{av}$ 是否满足聚类结果的要求，若满足则进入步骤（3），若不满足则需要调整 AP 聚类算法的参考度 P 值，并依据 2.4.3 节对过程重新进行硬化分操作，直至 $Silhouette_{av}$ 满足要求为止；

（3）通过迭代计算方法计算得到单变量控制图的控制限。每一次迭代，首先须对当前样本计算控制限，然后依据控制限剔除当前样本中的超限数据，

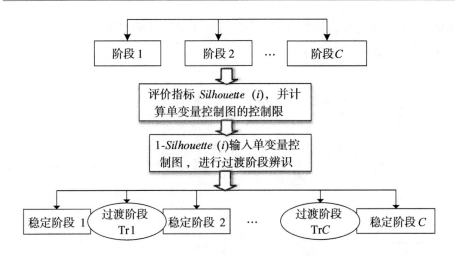

图 5 - 4 过渡阶段辨识流程示意图

Fig. 5 - 4 The flow chart of transition phases identification

之后更新样本库进行重新计算，直到控制限收敛为止；

（4）对所有样本点在评价向量 $Silhouette$（i）基础上计算可以代表每一样本点划分不合理程度的 $1 - Silhouette$（i）值，并将该向量输入单变量控制图；

（5）根据稳定阶段内过程变量表现出的高度相似性，而过渡阶段过程变量与稳定阶段的明显区别，通过检测初步划分结果在单变量控制图中的连续超限点对过渡阶段进行辨识，而后去除过渡阶段所包含样本点剩下的各个阶段即为稳定阶段。

5.4　仿真研究

5.4.1　青霉素发酵过程

青霉素（Penicillin，或音译盘尼西林）是一种常见的临床用抗生素，它是人类历史中最早发现的抗生素之一，由于其显著的功效，因此无论是在生产还是在临床应用方面都得到了广泛的关注。青霉素的生产制备过程既涉及生物的生长代谢过程，又涉及化工过程，生产过程既要考虑生物体生长的适应性、倾向性和稳定性，又要考虑在生物体所能承受的环境下大力提高产物产率。发酵过程属于生化反应，与化学反应过程相比，是一种有生命活动参与的更为复杂的过程，具有典型的多阶段、变量时序相关等特性。图 5 - 5 所示为青霉素发酵生产工艺流程图。

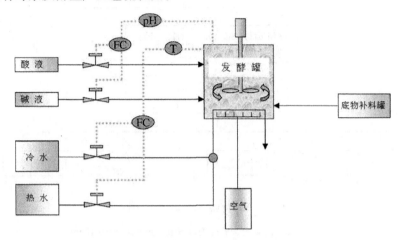

图 5 - 5   青霉素发酵工艺流程图

Fig. 5 - 5   The process flow chart of penicillin fermentation

本章基于美国伊利诺伊州立理工学院 Cinar 教授针对青霉素发酵过程研究开发的具有广泛国际影响力的 Pensim 仿真平台对发酵过程进行在线监测仿真研究，该平台通过设置不同的发酵初始条件及过程参数，可以模拟仿真青霉素发酵过程的各种正常以及异常状态（可以设置故障的变量包括通风速率、搅拌功率和底物流加速率）。图 5 - 6 所示为 Pensim V2.0 仿真平台各参量在默认初始条件及默认过程参数下的变化曲线。

图 5 - 7 所示为 Pensim V2.0 青霉素发酵仿真平台的操作流程示意图。依据图中所示操作流程，在该平台下，我们设定青霉素发酵过程的生产批次持续时间为400h，采样间隔为1h。在线监测时，选取 10 个主要的过程变量用于监测过程的运行状况，选取的过程变量如表 5 - 1 所示。

表 5 - 1   主要过程变量

Table 5 - 1   The main process variables

变量编号	变量名称	变量编号	变量名称
$x1$	通风速率/$(L \cdot h^{-1})$	$x6$	排气 CO_2 浓度/$(mmol \cdot L^{-1})$
$x2$	搅拌功率/W	$x7$	pH

续表

变量编号	变量名称	变量编号	变量名称
$x3$	底物流加速率/（L·h^{-1}）	$x8$	反应温度/K
$x4$	补料温度/K	$x9$	反应热/cal
$x5$	溶解氧浓度/（mmol·L^{-1}）	$x10$	冷水流加速率/（L·h^{-1}）

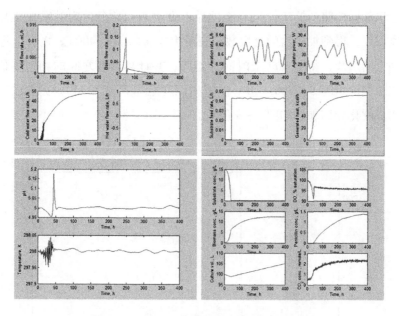

图 5-6　Pensim 仿真平台各参量变化曲线

Fig. 5-6　The variation curve of each parameter of Pensim

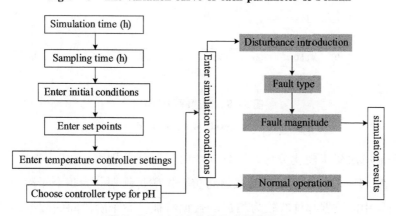

图 5-7　Pensim 仿真平台操作流程

Fig. 5-7　Operating procedures for Pensim

5.4.2 青霉素发酵过程的阶段硬化分

在相近的初始条件下模拟实际发酵生产过程，共仿真产生 40 批次正常操作条件下的过程数据用于批次的加权融合以及之后的阶段硬化分操作，将获取的批次数据记作 X（$40 \times 10 \times 400$）。根据 2.4.1 节所述，将此 40 个批次的发酵过程数据按照初始条件与待测试样本批次的初始条件间的欧式距离进行反距离加权，得到加权后的批次数据表示为 X（$1 \times 10 \times 400$）。之后，将 X 沿时间轴方向切片，得到 400 个时间片矩阵，并计算两两之间的相似度值，由其组成相似度矩阵 S（400×400）。将相似度矩阵 S 输入 AP 聚类算法实现阶段的初步硬化分结果，如图 5 -8 所示。

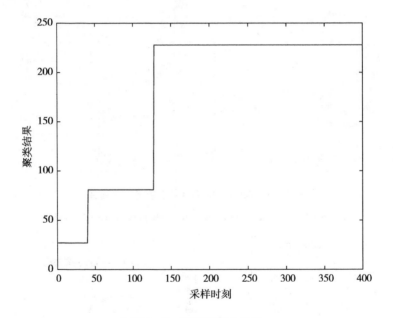

图 5 -8 阶段硬划分结果

Fig. 5 -8 The result of stage hard classifying

完成阶段初步硬化分后，得到 3 个时段区间分别为：（1 ~ 42）、（43 ~ 137）、（138 ~ 400）。这 3 个时段就将整个发酵过程划分为 3 个子阶段，每一个子阶段中的数据都具有较为相近的数据特征，而子阶段间的数据相关特征较弱，这就在一定程度上保证了后续过程监测建模时误差的最小化，避免了个别异常数据对监测控制限造成的影响。在这里需要特别指出的是，阶段初步划分的结果是依据数据的相关程度（一般以距离衡量）得到的，反映的是建模过程中最为关心的数据特征的相近度，并不对应于参与发酵菌体的生命代谢阶段过程。

5.4.3　青霉素发酵过程的过渡阶段辨识

阶段硬化分之后，使用 Silhouette 准则去评价每一个时间片矩阵最终的聚类效果。由于 Silhouette 准则可以表征各时间片通过聚类而归于某一阶段内的合理程度，那么 $1 - Silhouette\ (i)$ 的值就代表了将其归于对应阶段下的不合理性，该值越大，则不合理性越强。基于 5.3.4 节中提到的单变量控制图辨识方法，在求得单变量控制图的控制限之后，将 $1 - Silhouette\ (i)$ 的值输入其中进行过渡阶段的辨识。图 5 – 9 所示为过渡阶段的辨识过程，从中可以看

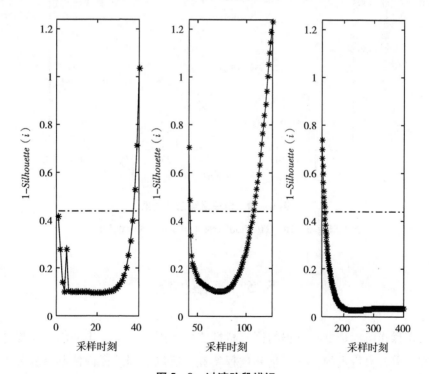

图 5 – 9　过渡阶段辨识

Fig. 5 – 9　Transition phases identification

出随着生产的持续进行，$1 - Silhouette\ (i)$ 的值出现了明显的"波动"，这就表明阶段初步划分后得到的各阶段间有着明显的过渡现象。

在图 5 - 9 中，通过检测连续的超限点就可以辨识出"重合弹性区域"中存在的过渡阶段，如图 5 - 10 所示即为青霉素发酵过程最终的阶段划分结果。从图中可以看出，生产过程中的过渡过程是明显存在的，各阶段的时段区间为：稳定阶段 1（1 ~ 37）、过渡阶段 1（38 ~ 42）、稳定阶段 2（43 ~ 107）、过渡阶段 2（108 ~ 137）、稳定阶段 3（138 ~ 400）。

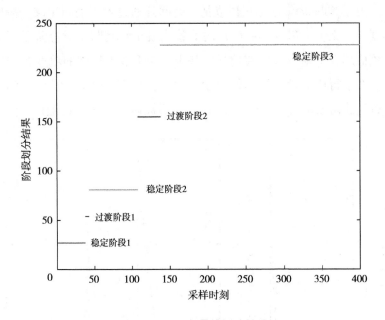

图 5 - 10　阶段最终划分结果

Fig. 5 - 10　The final result of stage classifying

5.5　本章小结

多操作阶段是发酵过程的固有特性之一，因其每一个不同的过程操作阶段都有着各自特定的主导变量和过程特性，所以不同阶段内控制目标和控制方案也就有所不同。对此，针对发酵过程的统计分析过程监测就需要区别对待不同阶段的特殊特性，不能一概而论不加以区分。在对发酵过程进行阶段划分时，一方面多数的现有方法只是实现了阶段的硬化分，而忽视了过渡阶段的重要性；另一方面少有的现存阶段软化分方法均需要事先人为指定阶段划分的数目。为此，本章提出基于仿射传播聚类的批次加权阶段软化分方法，在避免人为主观臆断阶段数目缺陷的基础之上，结合 Silhouette 准则评价以及单变量控制图，进一步实现了过渡阶段的辨识。最后，通过青霉素发酵仿真平台 Pensim V2.0 验证了该方法的有效性。

第6章 基于信息传递的
采样点阶段归属判断

6.1 引 言

为了保证发酵过程的安全稳定运行，同时为了提高现有发酵过程监测方法的有效性，对发酵过程进行分阶段建模是一种提高模型精度的有效手段。本书第2章所提出的阶段划分方法可以对发酵过程的整个操作过程进行合理的划分，这为后续过程监测模型的建立奠定了基础。然而，在线监测时，批次内阶段不等长现象的存在，使得在线实时采样点面临着寻找所属阶段，进而选择对应阶段监测模型的现实问题。

针对以上问题，传统的解决方案是依据经验按照时刻对应关系对过程数据进行数据点的切分，实现过程不同操作阶段的划分。这样，在离线建模阶段，我们将针对不同的阶段建立对应的监测模型，使得模型可以更加准确地描述每一个相应阶段内的局部数据特性，在一定程度上提高了监测性能。这种情况下，在线监测时新获取的实时采样点可以按照对应时刻硬性划分到离线建模过程划分所得到的对应阶段中，据此选取对应的监测模型实现新时刻在线采样数据的监测。但是，这样的做法都默认接受了如下假设：对应同一个时刻的数据属于同一阶段，即任何一个过程阶段在所有的生产批次中都是等长的。以上假设明显与事实不符，这是因为实际生产过程不同批次的生产由于种种条件的差异性，势必会导致不同批次间过程内部阶段长度有所不同。

本章主要针对发酵过程分段建模用于在线监测时实时采样点如何准确选择对应阶段的监测模型问题，通过计算在线实时采样点与离线阶段划分获得的各聚类中心间的信息度，经过信息迭代输出稳定的阶段归属结果，指导在线监测时的模型选择，提高监测性能。

6.2　信息传递

　　吸收度与归属度是 AP 聚类算法中最为核心的信息。AP 实现聚类的过程，实际上就是这两种信息的迭代传递过程，各数据样本点间的信息传递关系如图 6 - 1 所示。

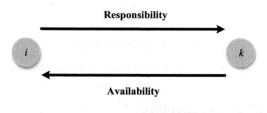

图 6 - 1　信息传递关系

Fig. 6 - 1　The relationship of information transmission

　　由第 2 章可知，AP 聚类算法通常是把每一个样本点都作为潜在的聚类中心，信息的传递过程发生在每一个样本点与其他任一样本点（包括其本身）之间，是一个相互选择的过程。鉴于此思想，且针对传统基于联合统计量的相似度判断指标、方差计算、后验概率以及距离相似度的方法在线进行采样点阶段归属判断时与离线阶段划分标准不一致的缺陷，本章引入信息度传递实现实时采样点的阶段归属判断，解决阶段不等长批次的最佳模型选择问题。

6.2.1　吸收度（Responsibility）

　　吸收度 $R(i, k)$ 是由历史库中任意样本点 x_i 向候选聚类中心 x_k 所传递的信息，它表征的是候选聚类中心 x_k 对样本点 x_i 的吸引程度，其信息传递过程如图 6 - 2 所示。

　　由图 6 - 2 可以看出，对于某一个样本点 x_i 而言，在其周围会有多个对其表达客观吸引的潜在聚类中心，在潜在聚类中心向该样本点传递吸引的过程中，其本身也会向各个潜在的聚类中心传递归属信息。

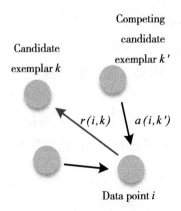

图 6-2　吸收度传递过程

Fig. 6-2　Transmission process of responsibility

6.2.2　归属度（Availability）

归属度 $A(i, k)$ 作为 AP 聚类算法中另一个重要的信息，它表达的是潜在聚类中心 x_k 向历史库中某一个样本点 x_i 所传递的信息，代表了 x_i 隶属于以 x_k 为聚类中心所属聚类的归属程度，其信息传递过程如图 6-3 所示。

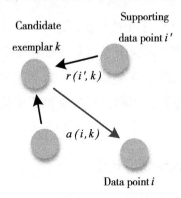

图 6-3　归属度传递过程

Fig. 6-3　Transmission process of availability

由图 6-3 可以看到，对于任一潜在的聚类中心 x_k 来说，其周围的很多数据点都有可能成为以其为中心的类集元素，所以 x_k 会通过归属度信息的传递去"邀请"各样本点"加入"该集合。

6.3 采样点阶段归属的初步选择

基于吸收度与归属度的信息传递过程以及所表征的物理意义，本节将其引入用以实现采样点的阶段归属判断，进而选择最佳模型用于在线监测。该阶段归属判断方法与子集聚类时所传递的信息指标一致，因此可以最大限度地将样本点划分到数据特征最为相近的阶段，保证所选择模型的误差最小化。同时，该方法避免了传统方法中按照在线时刻与离线时刻对应位置去选择阶段，进而选择监测模型的盲目性。

基于信息度传递的阶段归属判断如图 6-4 所示，主要步骤如下：

（1）获取离线阶段初步硬划分后各聚类子集的聚类中心 $exemplar_i$（$i=1$，2，$\cdots$，C）；

（2）在线监测时，随着生产进程的持续，实时采集当前时刻新的过程采样数据 x_{new,t_j}（$j=1$，2，$\cdots$，n）；

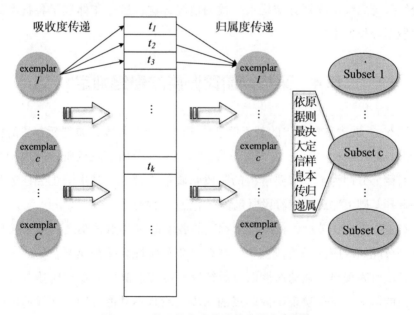

图 6-4 基于信息度传递的阶段归属判断

Fig. 6-4 Judgement for stage attribution based on information transmission

（3）计算在线实时采样数据 x_{new,t_j}（$j = 1$，2，$\cdots$，n）与离线所获取的各子阶段聚类中心 $exemplar_i$（$i = 1$，2，$\cdots$，C）之间所传递的信息值，即吸收度值 $r\,(x_{\text{new},j}$，$exemplar_i)$ 与归属度值 $a\,(x_{\text{new},j}$，$exemplar_i)$；

（4）将 $r\,(x_{\text{new},j}$，$exemplar_i)$ 与 $a\,(x_{\text{new},j}$，$exemplar_i)$ 依据吸收度与归属度的信息传递过程，在当前时刻在线采样点与各子阶段聚类中心间进行信息的竞争传递，传递次数为 N（N 可以人为设定）；

（5）信息传递结束后，使得满足条件 $\max\,\{r\,(x_{\text{new},j}$，$exemplar_i)\ +\ a\,(x_{\text{new},j}$，$exemplar_i)\}$ 的聚类中心所在的子阶段作为当前时刻在线采样点所属的阶段。

通过以上步骤，在线采集的实时采样点就能够以与离线阶段划分时相同的信息传递分配到对应子阶段，进而去选择最佳的过程监测模型。以上方法没有按照时刻的对应关系去强制"安置"在线采样点，其给出的每一个实时采样点的划分结果都是依据吸收度与归属度两种信息的传递情况决定的，体现出的是数据特征的相似性程度，因此会出现一些在线检测批次数据点阶段划分结果与离线阶段划分结果不一致的情况，这也进一步体现了各批次间内部阶段不等长的事实。

6.4 采样点阶段归属的最终判定

图 6-5 即为本章提出的基于信息传递的采样点阶段归属判断方法的完整流程图。如图 6-5 所示，左侧部分即为本书 6.3 节所实现的阶段归属初步选择，右侧部分即为本节将要解决的阶段归属最终判定，其中的主要任务是在初步选择基础上完成过渡阶段所包含样本点的分离。

经过本书 6.3 节后，在线生产批次的各实时采样点采集之后即可按照对应规则分配到对应的子阶段当中。结合第 2 章阶段软化分结果，同时考虑到过渡阶段所表现出的强动态性以及后续发酵过程监测区分稳定阶段与过渡阶段建模的需求，仅仅实现阶段归属的初步判断是不够的，因为在线监测时针对过渡阶段的模型需要分离出过渡阶段所包含的数据点，因此必须在初步选择的基础上进一步判断出稳定阶段与过渡阶段各自包含的样本数据，给出最终判定结果。

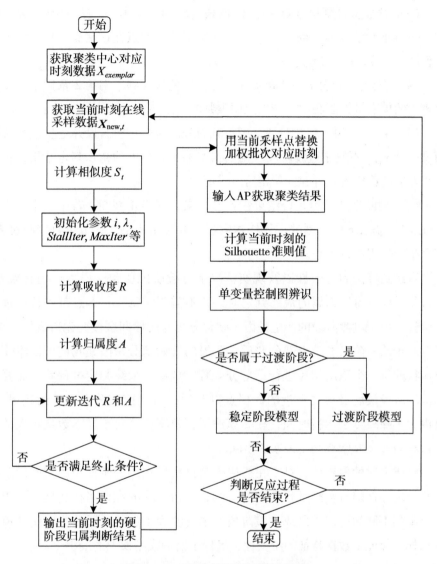

图 6 – 5　阶段归属判断流程示意图

Fig. 6 – 5　The flow chart of judgement for stage attribution

由图 6 – 5 可知，采样点阶段归属最终判定的步骤如下：

（1）针对当前时刻采集的在线样本点 x_{new,t_j}，$j = 1$，2，$\cdots$，n，对其完成初步阶段选择之后，用其替换加权批次数据 X 中对应时刻 t_j，$j = 1$，2，$\cdots$，n 处的数据，此时的加权批次数据表示为 X'；

（2）根据本书 2.4.2 节所述方法对 X' 进行聚类划分，并输出聚类结果；

（3）对当前时刻样本点 x_{new, t_j} 依据式（5-4）计算其在该聚类结果下的 Silhouette 准则值 $Silhouette\ (t_{j, new})$，同时得到该样本点在该聚类结果下的不合理程度 $1 - Silhouette\ (t_{j, new})$；

（4）将计算所得的 $1 - Silhouette\ (t_{j, new})$ 值输入到本书第 2 章用于过渡阶段辨识的单变量控制图中，依据控制限判断 x_{new, t_j} 是否属于过渡阶段；

（5）若 x_{new, t_j} 属于过渡阶段，则将其划分到对应过渡阶段并建立过渡阶段模型；若 x_{new, t_j} 不属于过渡阶段，则依据本书 5.3 节中的初步判定结果，将其归于对应的稳定阶段并建立稳定阶段模型；

（6）判断生产过程是否结束：若已结束，则停止判断；若未结束，则令 $t_j = t_j + 1$，获取下一时刻的在线样本数据，并转至本书 5.3 节重复判断过程，直至生产过程结束为止。

考虑到算法的时效性以及现实情况下过渡阶段所包含样本点的有限性，在进行采样点阶段归属的最终判定时，并不需要对每一样本点都进行该过程的验证。由于过渡阶段的产生是由于硬化分相邻阶段间缓慢变化造成的结果，只存在于前一阶段的结束部分和后一阶段的开始部分，因此我们可以将硬化分所得的每一个稳定阶段进行三等分处理，如此，最终判定过程就只需要判断前一阶段最后三分之一量的数据点以及后一阶段前三分之一量的数据点，可以大大缩短算法运行时间，提高算法运行效率，这对于样本数量很大的生产过程而言是非常有必要采取的措施。

完成上述的内容后，对于在线待检测批次样本点的阶段归属判断问题就得以解决。伴随着发酵过程生产的持续，不断获取的在线采样数据点就依次被分配到不同的稳定阶段或过渡阶段，也就明确了后续过程监测时统计模型的选择，保证了数据特征的统一性，确保了监测模型误差的最小化。

6.5　仿真研究

在与第 2 章用于多批次加权融合和阶段硬化分操作数据相近的初始条件下，利用 Pensim V2.0 平台模拟仿真生产 1 正常批次数据作为在线生产批次的模拟数据，用其检验本章采样点阶段归属判断方法的准确程度，该批次数据记作 $X\ (1 \times 10 \times 400)$。仿真过程中，假设当前时刻为 t_i，$i = 1, 2, \cdots, 400$，

则 $t_i + 1$ 至 400 时刻（反应结束时）的数据是未知的。当我们在线采集到当前时刻数据 x_{t_i} 后，便计算该时刻采样点与离线阶段划分得到的各聚类中心 *exemplar_i*（$i = 1$，2，…，C）间的信息传递值，并按照本书 5.3 节所述方式进行阶段归属的初步选择。正常操作条件下，某一仿真批次各在线采样点阶段归属初步选择的结果如图 6 - 6、图 6 - 7、图 6 - 8 所示，各图中均给出对应阶段的起止点。

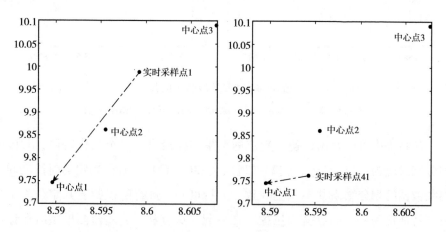

图 6 - 6 第一阶段的起止点

Fig. 6 - 6 Starting and ending points of the first stage

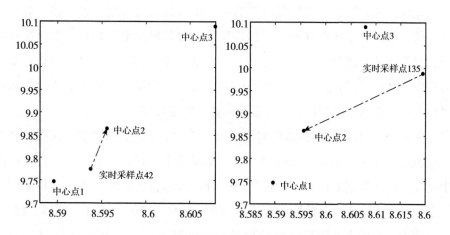

图 6 - 7 第二阶段的起止点

Fig. 6 - 7 Starting and ending points of the second stage

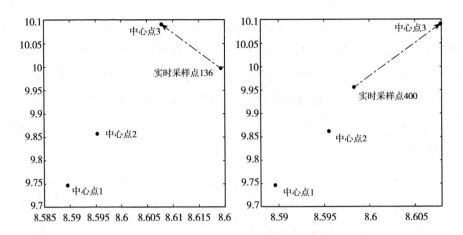

图 6 - 8 第三阶段的起止点

Fig. 6 - 8 Starting and ending points of the third stage

从结果中可以看出，初步判定的结果同样给出了三个操作阶段，时段区间分别对应为：（1～41）、（42～135）、（136～400），阶段判定的时段区间与离线数据的划分结果并不完全一致。分析可知，进行阶段归属判定是为了将数据特征最为相近的数据"拉拢"在一起，这有利于建立监测模型时保证获得较小的模型误差，这与本书 6.3 节中的分析一致。

根据阶段硬化分的结果，我们将离线获得的三个阶段所包含时刻进行三等分处理，然后针对每两相邻阶段的前一阶段最后三分之一量数据点和后一阶段前三分之一量的数据点进行是否属于过渡阶段的最终判定。需要进行判定的时段区间分别为：第一阶段中（29～42）、第二阶段中（43～74）；第二阶段中（108～137）、第三阶段中（138～225）。依据本书 6.4 节陈述的内容对以上时段中的采样数据点进行最终的阶段归属判定。

图 6 - 9 为阶段归属的最终判定结果。从判定结果分析可知，在线生产批次过渡阶段的判定结果与离线划分时的结果基本一致，只是第一个过渡阶段中多出了一个数据采样点，通过比对划分不合理程度的值与单变量控制图的控制限可以得到各过渡阶段的时段区间为：（38～43）、（108～137）。此时，可以给出所有样本点阶段归属的最终判定结果如下：稳定阶段 1（1～37）、过渡阶段 1（38～43）、稳定阶段 2（44～107）、过渡阶段 2（108～137）、稳定阶段 3（138～400）。

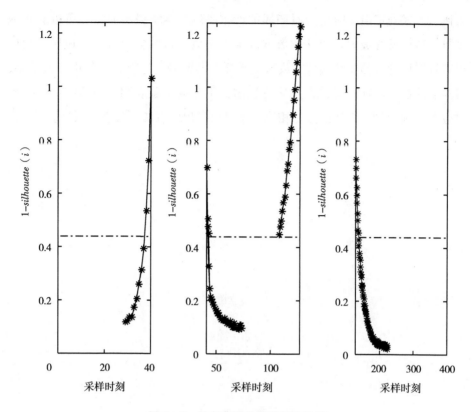

图6-9 阶段归属的最终判定结果

Fig. 6-9 The final judgement results of stage attribution

6.6 本章小结

发酵过程在线监测需要在完成阶段的划分之后，针对每一子阶段建立不同的能够体现该阶段局部数据特征的监测统计模型。阶段的划分虽提高了模型的精度，但同时也引入了新的问题，那就是在线实时采样点的阶段归属问题。每当在线采集到新时刻的样本数据，都需要以合理的方式判断其所属的特定阶段，才能去选择对应阶段的监测模型，实现对其本身的监测。只有合理地进行新时刻采样点的阶段归属判断，才能使得监测的效果达到最优。

本章针对以上问题，实现了发酵过程在线实时采样点的阶段归属判断，避免了传统多阶段发酵过程在线监测方法严格按照采样时刻对应关系通过人为比对方式确定当前时刻阶段归属的严重弊端。本章提出的方法可以有效地将数据特征具有极大相似性的数据分配到离线获得的各个过程阶段中，然后对应选取该阶段的监测模型完成对该采样点的监测，这有利于减小模型误差，提高监测性能。针对青霉素发酵过程仿真平台的实验表明，与传统依赖时刻对应关系判断阶段归属的方法相比，本章所提出的方法更具有一般性。

第7章 基于子阶段自回归主元分析的发酵过程在线监测

7.1 引 言

绪论中曾指出，多阶段特性是发酵过程明显存在的特征之一。发酵过程的每一个阶段都有其独立的潜在变量特性，直接表现为阶段性的控制目标以及主导变量的不同。所以，针对发酵过程的过程监测就不仅仅需要分析过程整体的运行状态，还需要深入分析各个子阶段的潜在局部特性，避免由于阶段的转变所带来的过程变量特性的变化对过程监测模型的精度造成影响，从而造成监测性能的降低。而传统过程监测方法对这一问题重视不足，通常是将生产过程作为一个整体统计样本建立单一统计监测模型，忽视了过程的多阶段特性，并没有对阶段性的局部特征做出合理的描述。事实上，阶段性的变量数据变化会使得每一阶段中变量的均值和方差产生变化，过程变量的相关关系也会不同，此时传统建模思想就难以描述过程的状态，或者说仅能描述个别阶段的性质而对其他阶段无能为力。

分阶段建模是解决上述问题行之有效的方法之一，绪论中已介绍了国内外学者为之做出的卓越研究。但是多数解决该问题的传统方法均采用了硬化分方法，只是将数据点强制性地进行阶段划分，并未考虑由于过程的慢时变特性所表现出的过渡行为，而这一行为在发酵过程中的表现尤为明显。发酵过程是典型的慢时变过程，由此带来的过渡阶段中变量特性极不稳定，表现出强烈的动态特性，使其非常容易受到外部环境的影响而干扰正常的生产，造成生产过程偏离理想轨迹，进而影响生产安全和产品质量。因此，发酵过程的监测需要重点关注过渡阶段的特性，这对确保整个过程的安全稳定有着重要的意义。

为此，本书第 2 章在前人研究的基础之上提出了基于仿射传播聚类的批次加权阶段软化分，实现了对发酵过程的合理划分。在此基础上，本章提出基于子阶段自回归主元分析的发酵过程监测方法，分别针对变量变化特性较为平稳的稳定阶段和具有较强动态性的过渡阶段建立 MPCA 模型和 AR – PCA 模型，充分考虑了过渡阶段的动态特性，利用 AR 模型有效消除变量动态性，使过渡阶段数据满足 MPCA 建模条件，提高了过程监测的性能，同时在一定程度上提高了故障报警的实时性。最后，采用青霉素仿真平台分析验证该方法的有效性。

7.2　主元分析与自回归模型

7.2.1　主元分析

PCA 是目前基于 MSPM 的故障监测技术的核心，其基于原始数据空间，通过变量转换构造一组新的潜隐变量对原始数据进行降维，然后从映射特征空间中提取数据的主要变化信息，抽取统计特征，从而构成对原始空间数据特性的描述。映射特征空间的变量是原始数据变量的线性组合，由此原始空间数据维度得以降低。又由于映射空间中的统计向量是相互正交的，则消除了变量之间的关联性，降低了原始数据特征分析的难度。

假设标准化处理后均值为 0，方差为 1 的过程数据矩阵为 $X_{n \times m}$，其中 n 为样本数量，m 为测量变量的数目。$X_{n \times m}$ 可以分解为 m 个向量的外积之和，如式（7 – 1）所示。

$$X = t_1 p_1^{\mathrm{T}} + t_2 p_2^{\mathrm{T}} + \cdots t_m p_m^{\mathrm{T}} \qquad (7 - 1)$$

上式中，$t_i \in R^n$（$i = 1, 2, \cdots, m$）为主元得分向量，p_i（$i = 1, 2, \cdots, m$）为负载向量。式（7 – 1）的矩阵表示形式为：

$$X = T P^{\mathrm{T}} + E \qquad (7 - 2)$$

式中，T 为得分矩阵，P 为负载矩阵，E 为模型残差矩阵。映射空间中，各得分向量是彼此正交的，也就是说，对于任意的 i 和 j，当 $i \neq j$ 时，总有 $t_i^{\mathrm{T}} t_j = 0$。此外，映射空间中各负载向量间也彼此正交，并且任意负载向量的长度均为1，即有 $p_i^T p_j = 0$（$i \neq j$），$p_i^T p_j = 0$（$i = j$）。

由于任意负载向量长度为1，那么将式（7-1）两侧同时右乘 p_i 可得：

$$t_i = Xp_i \qquad (7-3)$$

其中，得分向量 t_i 即为原始空间数据 X 在负载向量 p_i 方向上的主元投影。因此，得分向量 t_i 的长度就实际反映了原始空间数据矩阵 X 在该负载向量 p_i 方向上的覆盖程度或标准差的大小。

主元分析的具体过程如下：

（1）计算原始空间数据矩阵 X 标准化后的协方差矩阵：

$$S = \frac{1}{n-1}X^T X \qquad (7-4)$$

（2）对协方差矩阵 S 进行奇异值分解：

$$S = V\Lambda V^T \qquad (7-5)$$

式中，Λ 是由矩阵 S 的非负特征值按照从小到大顺序排列组成的对角阵，V 是正交矩阵，其中 $V^T V = I$，I 为单位阵。由式（7-2）可得：

$$S = \frac{1}{n-1}PT^T TP^T \qquad (7-6)$$

于是，结合式（7-5）与式（7-6）可得：

$$P = V \qquad (7-7)$$

$$\Lambda = \frac{1}{n-1}T^T T \qquad (7-8)$$

或者，

$$\lambda_i = \frac{1}{n-1}t_i^T t_i \qquad (7-9)$$

由式（7-9）可知，λ_i 是第 i 个主元的样本方差。

此时，我们就可以依据方差贡献率选择所需要的维数，若前 R（$R \leqslant m$）个主元的累计方差达到一定的阈值（依据具体情况而定），那么就可以用此 R 个主元表征原始特征空间的数据，则原始的 m 维空间数据就降为 R 维。

（3）得分矩阵 T 的获取：

通过保留与 R 个最大特征向量彼此对应排列的负载向量得到负载矩阵 $P \in$

$R^{m \times R}$，则原始数据 X 在低维映射空间的投影信息就蕴含在式（7 – 10）所示的得分矩阵中：

$$T = XP \tag{7 – 10}$$

7.2.2 自回归模型

对发酵过程建立多变量 AR 模型时，首先需要对三维过程数据进行二维展开以及相应的标准化处理。之后，将三维数据进行分割，得到 I 个数据模块，对每一模块（此处为每一批次）建立当前时刻数据与前 L 个历史时刻数据间的关系，进而得到第 i 批次的多变量 AR 模型的残差 E^i。设定矩阵及向量上标 i 代表批次 i，则任意批次 i 的多变量 AR 模型如下所示：

$$X_k^i = \sum_{l=1}^{L} \varphi_l^i X_{k-l}^i + e_k^i \tag{7 – 11}$$

式中，$k = L$，$L+1$，$\cdots$，K，L 为通过 Akaike 信息准则（AIC 准则）确定的模型阶次，X_k^i，$e_k^i \in R^{1 \times J}$ 分别为批次 i 在第 k 时刻的测量变量与模型残差，$\varphi_l^i \in R^{J \times J}$ 为第 i 批次在时刻 $k - l$ 处的模型系数矩阵，其由 PLS 算法辨识而来。

AIC 准则定义如下：

$$AIC(L) = N\ln\sigma_a^2 + 2L,$$

$$\sigma_a^2 = \frac{\Delta}{N - L}, \tag{7 – 12}$$

$$\Delta = \sum_{t=L+1}^{N} (x_k^i - \varphi_1 x_{t-1} - \varphi_2 x_{t-2} - \cdots - \varphi_L x_{t-L})^2$$

式中，L 为 AR 模型阶次，N 为样本点数目，σ_a^2 为残差方差，Δ 为残差的平方和，φ_1，φ_2，$\cdots$，φ_L 为模型的系数矩阵。

AR 模型可以表示为另一种形式，如下式：

$$X_k^i = \Phi^i X_{k-1:k-L}^i + e_k^i \tag{7 – 13}$$

式中，$X_{k-1:k-L}^i \equiv [(x_{k-1}^i)^T (x_{k-2}^i)^T \cdots (x_{k-L}^i)^T]^T \in R^{JL \times 1}$，$\Phi^i = [\varphi_1, \varphi_2, \cdots, \varphi_L] \in R^{J \times JL}$ 为增广系数矩阵。

之后，在采用 PLS 对模型系数矩阵进行辨识的过程中，对第 i 批次数据的

AR 模型系数矩阵进行辨识时，PLS 模型的定义如下：

$$X_{k-1:k-L}^i = P_{PLS}^i t_k^i + v_k^i \tag{7-14}$$

$$X_k^i = Q_{PLS}^i B^i t_k^i + e_k^i \tag{7-15}$$

式中，$t_k^i \in R(Z)$ 为对应于 $X_{k-1:k-L}^i$ 的得分向量，Z 为模型的主元数目。P_{PLS}^i 与 Q_{PLS}^i 为负载矩阵，v_k^i 与 e_k^i 分别为对应于 $X_{k-1:k-L}^i$ 和 X_k^i 的残差向量，B^i 是回归系数矩阵。本章采用非线性迭代偏最小二乘算法进行系数矩阵的辨识，具体操作如下所述。

建立 PLS 模型后，得分向量的计算公式为：

$$t_k^{iT} = X_{k-1:k-L}^{iT} H^{iT} \tag{7-16}$$

其中，$H^{iT} \equiv W^i (P_{PLS}^{iT} W^i)^{-1}$，$W^i$ 为 $X_{k-1:k-L}^{iT}$ 的权重矩阵。

最终，式（7-13）所示的 AR 模型系数矩阵为

$$\Phi^{iT} = H^{iT} B^i Q_{PLS}^{iT} \tag{7-17}$$

7.3　发酵过程子阶段监测模型的建立

图 7-1 所示为本章提出的发酵过程仿射传播聚类自回归主元分析在线监测方法的整体框图。批次加权阶段软化分和基于信息度传递的阶段归属判断已分别在第 2、3 章论述。在完成阶段划分得到若干稳定阶段与过渡阶段后，要针对各个子阶段建立不同的统计监测模型，用于后续的在线过程监测。

7.3.1　数据预处理

PCA 作为 MSPM 技术的核心方法，在将其用于发酵过程监测时，面对三维形式的数据 $X(I \times J \times K)$ 需要进行必要的预处理操作。通常情况下，三维数据的多元统计分析需要先对其进行二维展开操作。基于三个维度方向的存在，对其进行展开的方式共有六种，但出于理论与工程角度的考量，常用的有效展开方式是批次展开和变量展开两种形式。

批次展开方式最早由 Wold 等提出，如图 7-2 所示。

批次展开是将三维数据 X 沿时间方向切片，在保留批次方向维度信息的

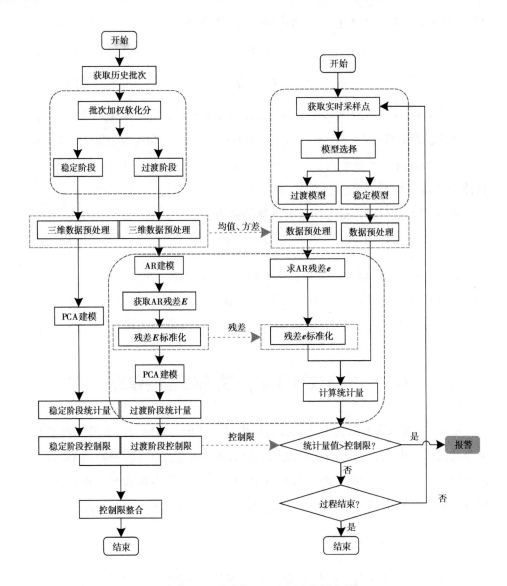

图 7 - 1　子阶段 AR - PCA 监测方法

Fig. 7 - 1　The sub - stage AR - PCA monitoring method

情况下，对时间片矩阵进行排列。该展开方式可以提取过程数据的平均轨迹，可在一定程度上消除过程变量在时间方向上存在的非线性，着重突出批次间的变化信息。但是，批次展开方式在建模时需要对当前时刻至生产结束时的样本数据进行预估填充，这势必会引入误差。

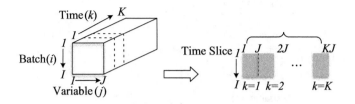

图 7 - 2　三维数据批次展开

Fig. 7 - 2　Batch - wise unfolding of three - dimensional data

Wold 等于 1998 年提出了变量展开方式，如图 7 - 3 所示。

变量展开是将三维数据 X 沿时间方向切片后，在保留变量方向维度信息的情况下，对时间片矩阵进行排列。对三维数据的变量展开使得建模时无需考虑批次数据是否完整，不会引入数值估计误差。但该方式不能很好地展现批次间的方差信息，忽略了不同采样时刻变量之间的相关性，也不能消除变量在时间轴方向的非线性，使得过程监测模型对故障信息不敏感。

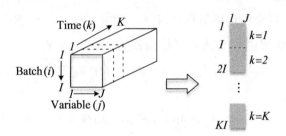

图 7 - 3　三维数据变量展开

Fig. 7 - 3　Variable - wise unfolding of three - dimensional data

针对以上两种方法各自的优缺点，本节在对发酵过程进行预处理时采用了批次展开与变量展开相结合的三步展开方法，如图 7 - 4 所示。

该方法首先将发酵过程数据沿批次方向展开，之后沿批次对数据进行按列标准化处理，提取过程数据的平均轨迹，紧接着对标准化后的数据沿变量方向展开建立统计模型。这种三步展开方法结合了批次展开去除非线性与变量展开无需预估未来时刻采样值的优点。

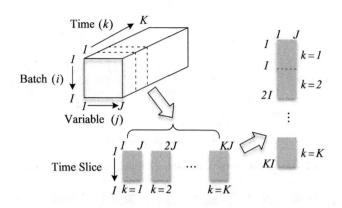

图 7 − 4 三维数据三步展开方法

Fig. 7 − 4 Three steps unfolding method of three − dimensional data

7.3.2 稳定阶段 MPCA 建模

稳定阶段建模步骤如下：

（1）针对各稳定阶段的数据矩阵 $\boldsymbol{X}_{C_i}$（$I \times J \times k_{C_i}$），依据 7.3.1 节所述方法对其进行预处理操作：首先将其沿批次方向展开为 $\boldsymbol{X}_{C_i}$（$I \times k_{C_i} J$），标准化处理后，再沿变量展开得到 $\boldsymbol{X}_{C_i}$（$Ik_{C_i} \times J$），其中 k_{C_i} 为第 i 个稳定阶段 C_i 中所包含的样本数量；

（2）对 $\boldsymbol{X}_{C_i}$（$Ik_{C_i} \times J$）建立 MPCA 模型，所建立的模型表达式如下所示：

$$\boldsymbol{X}_{C_i} = \boldsymbol{T}\boldsymbol{P}^{\mathrm{T}} + \boldsymbol{E} \qquad (7 - 18)$$

式中，$\boldsymbol{T}$（$Ik_{C_i} \times R$）为得分矩阵，$\boldsymbol{P}$（$J \times R$）为负载矩阵，$\boldsymbol{E}$（$Ik_{C_i} \times J$）为模型残差矩阵，$\boldsymbol{R}$ 是保留的主元个数；

（3）分别依据 T^2 和 SPE 统计量所服从的概率分布计算监测控制限。

7.3.3 过渡阶段 AR − PCA 建模

（1）针对各过渡阶段建立多变量 AR − PCA 模型。首先对过渡阶段数据建立 AR 模型，同样将过渡阶段所包含的过程数据 $\boldsymbol{X}_{TrC_i}$（$I \times J \times k_{TrC_i}$）沿批次展开，按列进行标准化处理，之后将其分割为 I 个数据模块，分别对各数据模块建立当前时刻与前 L 时刻间的对应关系，即建立阶次为 L 的多变量 AR 模型，如下所示：

$$X_k^i = \sum_{l=1}^{L} \boldsymbol{\varphi}_l^i X_{k-l}^i + \boldsymbol{e}_k^i \qquad (7-19)$$

其中，阶次以及模型系数矩阵均由 7.2.2 节所述方法确定。

（2）完成 AR 模型的建立之后，对模型残差进行重新整合，将其排列为与原始测量数据具有相同数据结构的二维矩阵 $\boldsymbol{E} - [\boldsymbol{E}_1, \boldsymbol{E}_2, \cdots, \boldsymbol{E}_I]$，其中 $\boldsymbol{E}_i \in \boldsymbol{R}^{((K-L) \times J)}$ 为批次 i 建立 AR 模型后的残差；

（3）对三维矩阵 $\boldsymbol{E} = [\boldsymbol{E}_1, \boldsymbol{E}_2, \cdots, \boldsymbol{E}_I]$ 进行预处理。首先将其沿批次方向展开进行标准化，之后再沿变量展开为如下形式：

$$\boldsymbol{E}_{\text{var}} = \begin{bmatrix} e_{L,1}^1 & e_{L,2}^1 & \cdots & e_{L,J}^1 \\ e_{L,1}^2 & e_{L,2}^2 & \cdots & e_{L,J}^2 \\ \vdots & & & \vdots \\ e_{L,1}^I & e_{L,2}^I & \cdots & e_{L,J}^I \\ e_{L+1,1}^1 & e_{L+1,2}^1 & \cdots & e_{L+1,J}^1 \\ e_{L+1,1}^2 & e_{L+1,2}^2 & \cdots & e_{L+1,J}^2 \\ \vdots & \vdots & & \vdots \\ e_{K,1}^1 & e_{K,2}^1 & \cdots & e_{K,J}^1 \\ e_{K,1}^2 & e_{K,2}^2 & \cdots & e_{K,J}^2 \\ \vdots & \vdots & & \vdots \\ e_{K,1}^I & e_{K,2}^I & \cdots & e_{K,J}^I \end{bmatrix} \qquad (7-20)$$

紧接着，对 $\boldsymbol{E}_{\text{var}}$ 建立 MPCA 模型，后续的建模过程同稳定阶段建模一致。

7.4 子阶段 AR - PCA 在线监测

完成稳定阶段与过渡阶段建模后，具体的过程监测流程如下所述：

（1）在线监测时，在当前时刻 k 处获得采样数据 $\boldsymbol{x}_{\mathrm{new},k}$（$1 \times J$），采用离线建模时计算所得对应时刻的均值和方差对其进行标准化处理；

（2）依据第 3 章所述方法，判断 $\boldsymbol{x}_{\mathrm{new},k}$（$1 \times J$）所属的阶段 C_i；

（3）依据上述判断结果选择对应阶段的监测模型，依据模型计算 T^2 和 SPE 统计量，计算公式如下：

$$T_k^2 = \boldsymbol{t}_{\mathrm{new},k}\boldsymbol{S}_c^{-1}\boldsymbol{t}_{\mathrm{new},k}^{\mathrm{T}} \sim \frac{\boldsymbol{R}(N^2-1)}{N(N-\boldsymbol{R})}F_{\boldsymbol{R},N-\boldsymbol{R},\alpha}$$

$$SPE_k = \boldsymbol{e}_{\mathrm{new},k}\boldsymbol{e}_{\mathrm{new},k}^{\mathrm{T}}, \boldsymbol{e}_{\mathrm{new},k} = \boldsymbol{x}_{\mathrm{new},k}(\boldsymbol{I} - \boldsymbol{P}_k\boldsymbol{P}_k^{\mathrm{T}}), \qquad (7-21)$$

$$SPE_k \sim g_k\chi_{k,k,\alpha}^2; g_k = \frac{v_k}{2m_k}, h_k = \frac{2m_k^2}{v_k}$$

其中，$\boldsymbol{t}_{\mathrm{new},k}$ 为 $\boldsymbol{x}_{\mathrm{new},k}$ 的得分向量，$\boldsymbol{S}_c^{-1}$ 为对应阶段中得分向量 $\boldsymbol{T}$ 的协方差矩阵的逆矩阵，是一个对角阵，N 为对应阶段包含的样本数量，α 为置信限，m_k 与 v_k 分别是对应阶段内建模数据所对应 SPE 的均值和方差。

（4）将计算所得的 T^2 和 SPE 统计量值与离线建模时所获取的监测统计量控制限进行比对，如果在线计算的统计量值超出了控制限的范围，则说明过程出现了异常状况。

7.5　仿真研究

7.5.1　AR 建模条件检验

AR 模型的建立需要建模数据满足一定的条件，那就是过程变量自相关的拖尾性与偏自相关的截尾性。因此在对发酵过程数据建立 AR 模型之前，需要计算所选取的过程变量的自相关和偏自相关系数，以此验证自相关拖尾性和偏自相关截尾性。

本节所选取的发酵过程关键变量的自相关拖尾性验证以及偏自相关截尾性验证分析实验如图 7-5 和图 7-6 所示，分析可知，发酵过程变量满足 AR 建模时对自相关拖尾以及偏自相关截尾的要求。

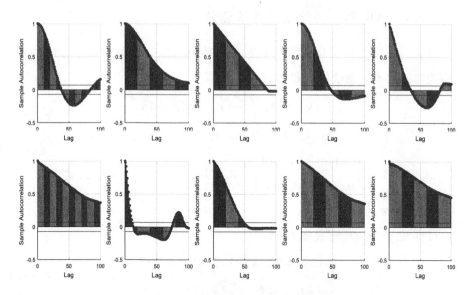

图 7 - 5　发酵过程变量的自相关拖尾性

Fig. 7 - 5　Autocorrelation trailing of variables of fermentation process

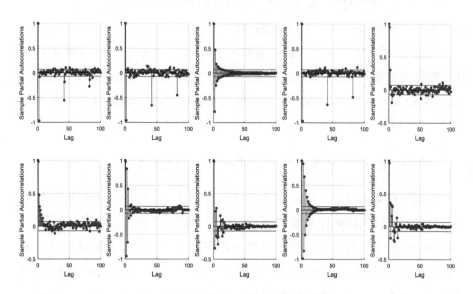

图 7 - 6　发酵过程偏自相关的截尾性

Fig. 7 - 6　Partial Autocorrelation truncation of variables of fermentation process

7.5.2　AR 模型去除相关性验证分析

以 Krugere 和 Ku 采用的数值实例进行 Monte Carlo 实验，探究 AR 模型去除相关性的效果。数值仿真实例如下：

$$\begin{cases} z(k) = \boldsymbol{A}z(k-1) + \boldsymbol{B}v(k-1) \\ y(k) = z(k) + f(k) \end{cases} \tag{7-22}$$

式中，$\boldsymbol{A} = \begin{bmatrix} 0.118 & -0.191 \\ 0.847 & 0.264 \end{bmatrix}$，$\boldsymbol{B} = \begin{bmatrix} 1 & 2 \\ 3 & -4 \end{bmatrix}$，$z(k)$ 为过程状态，$f(k)$ 为测量噪声。

过程输入 $v(k)$ 定义如下：

$$\begin{cases} v(k) = \boldsymbol{C}v(k-1) + \boldsymbol{D}w(k-1) \\ u(k) = v(k) + g(k) \end{cases} \tag{7-23}$$

式中，$\boldsymbol{C} = \begin{bmatrix} 0.811 & -0.226 \\ 0.477 & 0.415 \end{bmatrix}$，$\boldsymbol{D} = \begin{bmatrix} 0.193 & 0.689 \\ -0.320 & -0.749 \end{bmatrix}$，$w(k)$ 为零均值单位方差的白噪声，$g(k)$ 是测量噪声。

采用 45 批次的时间序列进行相关性分析。图 7-7 与图 7-8 所示分别为原始数据变量之间的相关系数以及建立 AR 模型后的模型残差的相关系数。从图 7-7 和图 7-8 中可以看出，原始数据变量间具有较强的自相关性和互相关性，而用于 MPCA 建模的 AR 模型残差的相关性则明显减弱。

7.5.3　子阶段 AR-PCA 过程在线监测仿真

前面两章通过改进方法或新的思想分别实现了阶段的合理软化分以及在线监测实时采样点的阶段归属判断，之后本章给出了阶段划分后对稳定阶段和过渡阶段建立具有针对性的统计监测模型的方法。在线监测过程中，要对发酵过程所有过程变量的运行状态进行监测，发现状态异常及时做出报警。为充分说明本章方法的有效监测效果，仿真实验对一批次正常生产数据和一批次故障数据分别进行监测研究，并通过与传统方法的监测统计结果进行对比，来验证该方法的优越性能。故障批次设置为底物流加速率在第 200 个生产时刻引入 1% 的斜坡故障，一直持续至该生产批次结束。

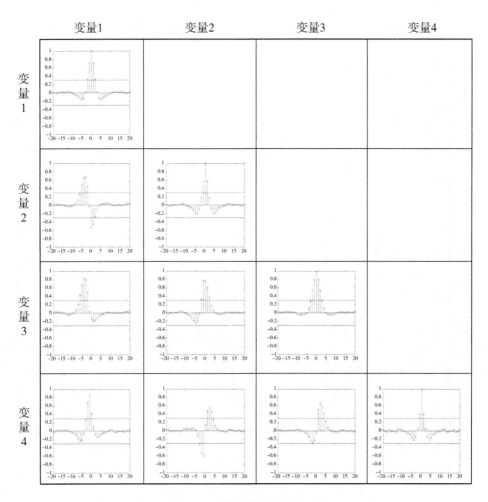

图 7 - 7　原始数据变量相关系数

Fig. 7 - 7　Correlation coefficient of variables of original data

图 7 - 9 和图 7 - 10 所示分别为传统 MPCA 监测方法与本章提出的发酵过程仿射传播聚类自回归主元分析在线监测方法对正常生产批次的监测结果图。仿真实验结果表明，在传统 MPCA 方法单一建模方式下，T^2 和 SPE 统计量在整个生产批次过程中都会出现大量的误报警，误报率分别达到 5% 和 7.5% 。而相比之下，分析本章所提出方法的监测结果可知，其 T^2 统计量误警率已完全消除，同时 SPE 统计量的误警率也仅为 0.75% 。

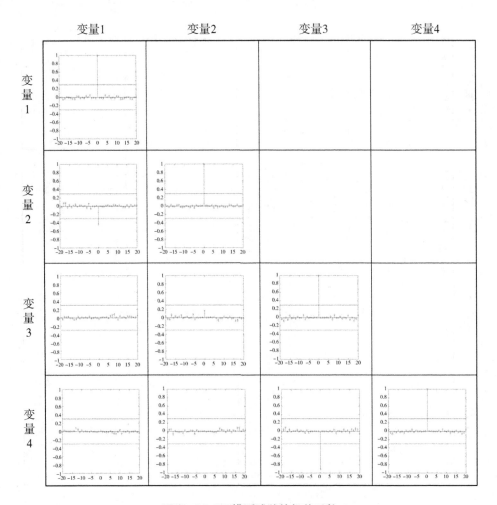

图7-8 AR模型残差的相关系数

Fig. 7-8 Correlation coefficient of residuals of AR model

图7-11和图7-12所示分别为传统MPCA监测方法与本章所提方法对故障批次的监测结果。分析可知，本章所提方法在对故障批次监测时的误报率和漏报率较传统MPCA方法都有明显降低，且对异常运行状况的报警会更加及时。统计结果表明，本章所提方法T^2统计量的误警率同对正常批次的监测结果一样已完全消除，这可以保证在不出现误报警的前提下及时有效地检测到故障的发生。传统MPCA监测方法与本章所提方法对故障批次监测时的误报率和漏报率的统计结果如表7-1所示。

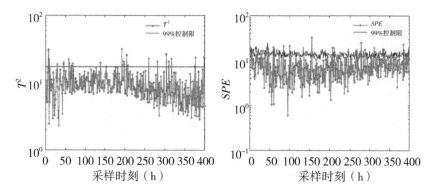

图7-9　传统 MPCA 正常批次监测图

Fig. 7-9　The diagram of normal batch using the traditional MPCA

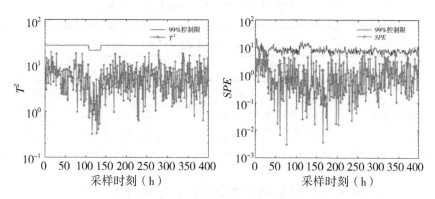

图7-10　本章方法正常批次监测图

Fig. 7-10　The diagram of normal batch using the proposed algorithm

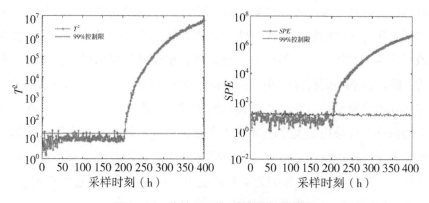

图7-11　传统 MPCA 故障批次监测图

Fig. 7-11　The diagram of false batch using the traditional MPCA

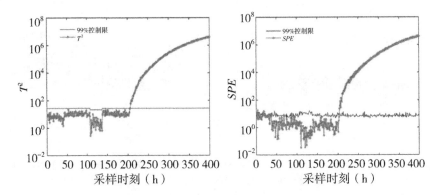

图 7 – 12   本章方法故障批次监测图

Fig. 7 – 12   The diagram of false batch using the proposed algorithm

表 7 – 1   传统 MPCA 与本章方法的误报率和漏报率

Table 7 – 1   Leaking alarm rate and False alarm rate of traditional MPCA
and the proposed algorithm

监测方法	T^2		SPE	
	误报率	漏报率	误报率	漏报率
传统 MPCA	7%	1%	4%	2.5%
本章方法	0	0.5%	1.5%	0.5%

7.5.4   基于 AP 聚类的子集 MPCA 监测对比分析

通常情况下，传统阶段划分方法是在时间轴上确立若干个孤立分割点，在此基础上将整个生产过程截取为几个阶段。这样做的缺陷是划分过程需首先保证采样点在时间轴上的连续性，而并不能使得各个采样点寻找到数据特征或相关性最为相近的聚类中心，进而导致建模时精度的损失，造成监测性能的下降。在本书研究过程中，基于乱序样本的全新聚类思想得以呈现，该思想的基本思路是：首先，将原始批次数据按采样时刻切片，然后将时间片数据随机排序后采用聚类算法进行乱序聚类，以此得到时间片数据的几个子集而不是子阶段；其次，对各子集数据建立子集过程监测模型。鉴于本书前期的研究，依然采用 AP 聚类算法和传统 MPCA 方法对该思想做出初步探索，并与本章的主体方法做简单的对比分析。

图 7 – 13 即为乱序聚类思想的示意图，其与前述方法的不同之处在于聚

类输入样本不再是保证物理时序的样本，而是沿时间切片后随机排序的样本。最终的聚类结果得到的是原始样本的子集而不再是子阶段，因其已经没有了时间的顺序。在得到聚类后的子集之后，针对各子集建立传统的 MPCA 模型，并将之应用于青霉素发酵数据的仿真实验。为验证该聚类思想对最终过程监测的有益效果，对比实验设置为不进行阶段划分对整批次数据建立一个统一MPCA 模型的传统方法和基于 AP 聚类算法硬划分阶段后建立子阶段 MPCA 模型的方法。其中，基于 AP 聚类算法硬划分得到的子阶段是严格依照时间序列划分的，其将整个生产过程划分为 3 个阶段。

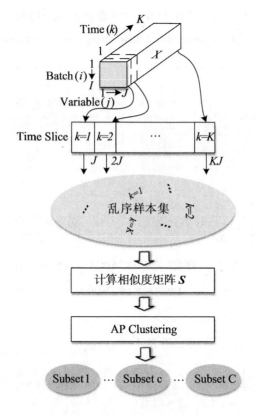

图 7 - 13　乱序子集聚类

Fig. 7 - 13　Random order clustering

图 7 - 14、图 7 - 15、图 7 - 16 所示分别为传统 MPCA 方法、基于 AP 聚类的子阶段 MPCA 方法以及本节乱序聚类子集 MPCA 方法对正常生产批次的监测结果图。三种方法对正常批次监测的误报率统计结果如表 7 - 2 所示。

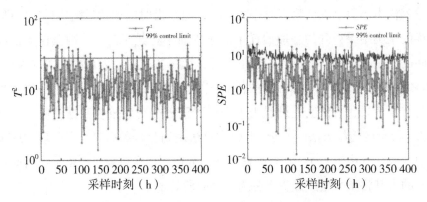

图 7 – 14 传统 MPCA 对正常批次的监测结果

Fig. 7 – 14 Traditional MPCA monitoring result for normal batch

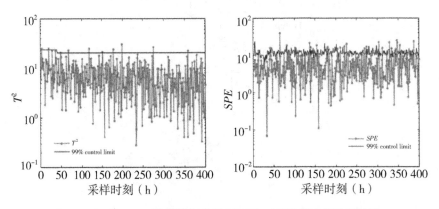

图 7 – 15 基于 AP 聚类的子阶段 MPCA 对正常批次的监测结果

Fig. 7 – 15 Sub – stage MPCA monitoring result for normal batch based on AP

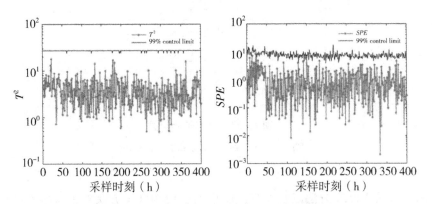

图 7 – 16 子集 MPCA 对正常批次的监测结果

Fig. 7 – 16 Subset – MPCA monitoring result for normal batch

表7-2　三种方法对正常批次的监测结果

Table 7-2　The monitoring results of three methods for normal batch

监测方法	误报率	
	T^2	SPE
传统 MPCA 方法	7.5%	11.25%
子阶段 MPCA 方法	4.5%	9.25%
子集 MPCA 方法	0	0.25%

图7-17、图7-18、图7-19所示分别为传统 MPCA 方法、基于 AP 聚类的子阶段 MPCA 方法以及本节乱序聚类子集 MPCA 方法对故障生产批次的监测结果图。三种方法对故障批次监测的误报率和漏报率统计结果如表7-3所示。

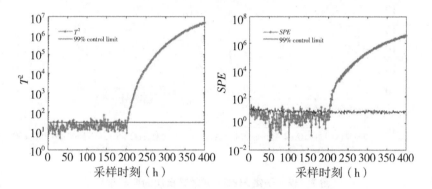

图7-17　传统 MPCA 对故障批次的监测结果

Fig. 7-17　Traditional MPCA monitoring result for false batch

表7-3　三种方法对故障批次的监测结果

Table 7-3　The monitoring results of three methods for false batch

监测方法	T^2		SPE	
	误报率	漏报率	误报率	漏报率
传统 MPCA 方法	20%	2.5%	12.5%	3%
子阶段 MPCA 方法	6	2.5%	10.5%	3%
子集 MPCA 方法	0	2%	0.5%	1%

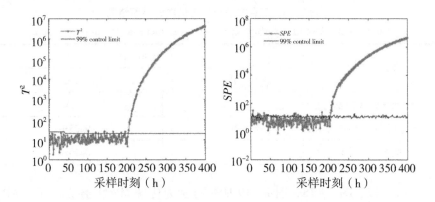

图 7 – 18　基于 AP 聚类的子阶段 MPCA 对故障批次的监测结果

Fig. 7 – 18　Sub – stage MPCA monitoring result for false batch based on AP

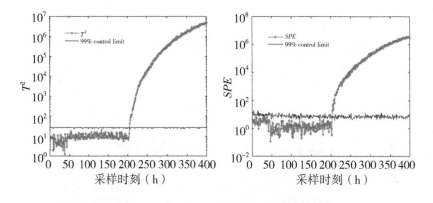

图 7 – 19　子集 MPCA 对故障批次的监测结果

Fig. 7 – 19　Subset – MPCA monitoring result for false batch

通过分析以上仿真实验可知，乱序聚类方法完全不考虑采样时序，通过构造乱序样本集实现无约束的乱序子集聚类，然后针对不同子集建立相互独立的子集 MPCA 模型，子集内数据相关特性相近，保证了较小的模型误差，监测结果也表明了其具有良好的监测性能。但该种乱序聚类思想尚未成熟，此处仅作为本章研究的延伸对比分析。

7.6　本章小结

本章在前文所述的阶段划分及采样点阶段归属基础上，对研究内容加以整合，最终实现了基于仿射传播聚类的自回归主元分析发酵过程在线监测。阶段划分的结果是给出了过程变量变化较为平稳的稳定阶段和动态性较强的过渡阶段，对此本章分别针对阶段的不同特性建立有针对性的统计监测模型，充分考虑过渡阶段的动态特性，通过 AR 模型的建立消除动态性对监测性能造成的不利影响，保证了后续 MPCA 建模的有效性。在线监测时，依据第 3 章给出的阶段归属判断方法对新时刻采样点进行阶段的所属判断，从而选择对应阶段的监测模型，进一步保证了所选监测模型的误差最小化。最后，通过仿真实验对比验证了本章研究内容的整体应用效果以及最终的监测性能，仿真结果表明，本章所提方法可有效降低故障的漏报和误报，有着更加可靠的监测性能。

第 8 章　基于 PDPSO 优化的
AP 聚类阶段划分

8.1 引　言

与连续生产过程相比,生产过程的多阶段性为间歇过程的固有特征。此外,由于反馈控制的存在,导致各阶段都有各自的主导变量和阶段特征,并随时间的不断进行具有明显的阶段特征,这也造成了其变量之间的自相关和互相关特性。因此,对间歇过程的监控还存在许多困难。Nomikos 等人于 1995 年提出的 PCA,Macgregor 等人于 1997 年提出的 PLS 等方法随后在间歇过程的建模和监测中得到了很大的发展。然而,这些传统方法在进行间歇过程故障监测时忽略了其多阶段性和动态性。

针对间歇过程的多阶段特性,Lu 等人提出 K – means 方法用于阶段划分,然而采用 K – means 分类方法很难划分相邻类边缘上的点,因此会导致在每个划分阶段开始和结尾部分的错分,从而导致在线监控时产生较多的误警或漏报。Zhang 等人提出了基于模糊 C 均值(Fuzzy C – means algorithm,FCM)聚类的多级建模方法,然而 FCM 算法本身为局部搜索算法,在阶段划分时需要事先确定划分的类数,本身存在聚类数目确定以及迭代易陷入局部最优等问题。Yu 等提出了多变量高斯混合模型的多阶段过程监测的新算法,根据展开的数据估计出高斯混合模型,但是没有对间歇过程建立根本的分阶段模型。Frey 和 Dueck 提出 AP(Affinity Propagation clustering,AP)聚类算法,与 K – means、FCM 方法相比,AP 聚类算法把所有的数据点当作可能的聚类中心,即无须提前指定聚类的数目,而是经数据点迭代找到聚类中心。但 AP 聚类算法中的聚类数目受偏向参数的影响。

基于以上研究,本书针对发酵过程的多阶段特点,采用基于种群多样性的自适应惯性权重粒子群（Population Diversity – based Particle Swarm Optimization，PDPSO）算法对仿射传播聚类算法进行改进，使之用于指导阶段划分，避免了传统方法依据聚类评价指标选取参考度时的盲目性，从而得到最优的阶段划分结果。

8.2　AP 聚类算法

AP 聚类的基本思想是将全部数据点当作潜在的聚类中心，然后数据点的连线构成一个相似度矩阵网络，再通过网络中各条边的吸收度和归属度传递计算出各样本的聚类中心。相似度矩阵 $S(i,k)$ 的计算方法如下：

$$S(i,k) = - \parallel x_i - x_k \parallel^2 \qquad (8-1)$$

其中，x_i 和 x_k 为任意两个数据点，对所有的 $S(k,k)$ 作相同数值的初始化，AP 聚类算法的吸收度和归属度计算方法详见文献。$S(k,k)$ 为偏向参数 $P(k)$，偏向参数 P 影响聚类数目。P 的大小决定聚类个数的多少。P 越小，聚类数越少，反之越多。下面对发酵过程包含在一组数据集的 200 个数据点进行仿真实验，偏向参数的取值与聚类数量的关系如表 8-1 所示，不同的 P 的取值对应的聚类数目差别很大。因此，如何取得合适的偏向参数的值是进行间歇过程阶段划分的重点，基于此，本章提出了基于 PDPSO 优化的 AP 聚类算法对发酵过程进行阶段划分。

表 8-1　Preference 取值对应的聚类数量
Table 8-1　Test parameters

Preference 值	聚类数量
$0.5 \times \mathrm{median}(S)$	16
$\mathrm{median}(S)$	11
$2 \times \mathrm{median}(S)$	8

8.3　PDPSO 算法

8.3.1　PSO 算法

Gao 等人提出粒子群优化算法（PSO 算法）解决寻优问题。PSO 算法具体描述如下：假设空间中存在 n 个不同粒子，搜索空间为 D 维，$\boldsymbol{x}_i = (x_{i1}, x_{i2}, \cdots, x_{iD})$ 表示第 i ($i=1, 2, \cdots, n$) 个粒子在 D 维空间里的坐标，$\boldsymbol{v}_i = (v_{i1}, v_{i2}, \cdots, v_{iD})$ 表示粒子 i 的速度，n 个粒子通过迭代寻找最优解。每次迭代过程中，将每个粒子的值代入适应度函数计算其值，通过个体极值 p_{gbest} 与全局极值 p_{zbest} 来更新自己。粒子 i 的速度及位置的更新公式如下：

$$v_{id} = wv_{id} + c_1 rand_1(p_{gbest} - x_{id}) + c_2 rand_2(p_{zbest} - x_{id}) \qquad (8-2)$$

$$x_{id} = x_{id} + v_{id} \qquad (8-3)$$

其中，c_1，c_2 为加速因子，$rand_1$，$rand_2$ 为在区间 $[0, 1]$ 上变化的随机变量。w 为惯性权数，w 较大则全局搜索能力较好，而 w 较小则局部搜索能力较强。

在传统 PSO 算法中，最优解的确定需经过各粒子速度和位移的不断迭代，但其在进行寻优时，存在易陷入局部最优的问题，其原因为当粒子聚集于历史最优或全局最优位置时，将不再进行迭代寻优；另外，提高最优解的收敛精度是传统 PSO 算法亟待解决的问题，收敛精度的提高需以保证粒子多样性足够好为前提。

8.3.2　PDPSO 惯性权重机制设计

通过分析粒子飞行过程中群体的状态，针对 PSO 算法中粒子寻优存在的两个问题，本章设计了种群多样性自适应惯性权重粒子群算法，即 PDPSO 算法。该方法综合考虑种群多样性和惯性权重的影响，首先，惯性权重是提高算法搜索效率及收敛性的重要参数，其取值影响粒子的全局搜索与局部开发能力；其次，粒子群整体分布状况可由种群多样性信息表征，若种群多样性缺失，可能会造成种群提前陷入局部最优。

在粒子进行寻优时，导致寻优精度较低的原因主要在于粒子的聚集，而粒子的聚集程度由种群多样性信息 $SP(t+1)$ 反映，其表达式为：

$$SP(t+1) = \sqrt{\frac{1}{n-1}\sum_{i=1}^{n}\left[\overline{d_i}(t+1) - d_i(t+1)\right]^2} \qquad (8-4)$$

其中，$d_i(t+1)$ 为第 $t+1$ 次寻优时粒子 i 与剩余粒子的欧式距离，

$\overline{d_i}\ (t+1)$为全部$d_i\ (t+1)$的平均值。

$SP\ (t+1)$的取值反映了所有群体的粒子聚集情况。当$SP\ (t+1)$ > $SP\ (t)$时，粒子群呈现不均匀分布，此时种群多样性变差，粒子将进入局部最优情况；当全部粒子无限接近或者迭代得到局部最优点时，$SP\ (t+1)$ = $SP\ (t)$，此时$SP\ (t+1)$不再变化。此时：

$$x_i(t+1) - x_i(t) = \varepsilon_1 \tag{8-5}$$

$$p_i(t) - x_i(t) = \varepsilon_2 \tag{8-6}$$

$$p_i(t) - x_i(t) = \varepsilon_2 \tag{8-7}$$

$$SP(t+1) - SP(t) = \varepsilon_4 \tag{8-8}$$

其中，ε_1，ε_2，ε_3和ε_4为趋近于0的常数。在第t次迭代时，粒子陷入局部最优，由式（8-5）可推得，第$t+1$次迭代时，粒子的位移量几乎为0。由式（8-5）可推得，若想使粒子跳出局部，必须增大粒子的速度，由式（8-6）、式（8-7）及式（8-8）可知惯性权重是影响粒子速度的主要因素。粒子群的分布状况可由当前种群多样性反映，SP大时，粒子多样性差；反之较好，因此需要通过种群多样性来增大惯性权重。图8-1为粒子陷入局部最优和多样性逐渐变好的示意图。

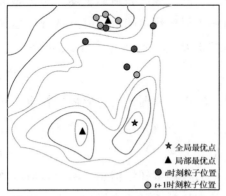
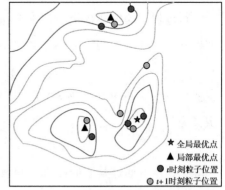

（a）粒子陷入局部最优图　　　　　（b）粒子多样性逐渐变好示意图

图8-1　飞行过程中粒子群在两种不同的种群分布情况

Fig. 8-1　Particle swarm optimization in two different populations during flight

按照粒子的惯性权重随着种群多样性信息增大的原则，设计了基于种群多样性 $SP(t+1)$ 的非线性函数 $B_1(t+1)$，与粒子飞行过程拟合程度更高。其表达式如下式所示：

$$B_1(t+1) = e^{\frac{1}{SP(t+1)+1}-1} + 1 \qquad (8-9)$$

通过以上分析可知，当 $SP(t+1) \geqslant SP(t)$ 时，自适应惯性权重策略被定义为：

$$w_i(t+1) = B_1(t+1)w_i(t) \qquad (8-10)$$

其中，$w_i(t+1)$ 为第 $t+1$ 次寻优时粒子 i 的惯性权重。

当 $SP(t+1) < SP(t)$ 时，粒子群的分布比较均匀，为了加强局部寻优能力，此时应降低粒子的飞行速度，使得粒子群能够在各自区域内找到更优的全局最优解与个体最优解，粒子在第 t 次和第 $t+1$ 次的迭代情况如图 8-1（b）所示，此时粒子的多样性逐渐变好，粒子的飞行信息如下：

$$x_i(t+1) - x_i(t) = v_i(t+1) \qquad (8-11)$$

$$x_{id} = x_{id} + v_{id} \qquad (8-12)$$

由上式可知，第 $t+1$ 次迭代粒子的速度大小决定位移量的大小，第 t 次迭代粒子惯性权重影响着第 $t+1$ 次迭代粒子的速度。若要降低粒子速度，需减小惯性权重。

同理，为了拟合粒子飞行过程，设计种群多样性和指数函数，用于调整粒子飞行过程中的惯性权重。为了遵循粒子惯性权重随着种群多样性信息递减的原则，设计基于 $SP(t+1)$ 的非线性函数 $B_2(t+1)$，如下式所示：

$$B_2(t+1) = e^{\frac{1}{SP(t+1)+1}-1} \qquad (8-13)$$

通过以上分析可知，当 $SP(t+1) < SP(t)$ 时，自适应惯性权重策略被定义为：

$$w_i(t+1) = B_2(t+1)w_i(t) \qquad (8-14)$$

综上，本章通过基于群体飞行过程中的种群多样性信息来调节自适应惯性权重，从而拟合粒子群飞行过程中的状态。基于种群多样性的改进型粒子群优化（PDPSO）算法如下：

$$w_i(t+1) = \begin{cases} w_i(t)(e^{\frac{1}{SP(t+1)+1}-1} + 1) & SP(t+1) \geqslant SP(t) \\ w_i(t)(e^{\frac{1}{SP(t+1)+1}-1}) & SP(t+1) < SP(t) \end{cases} \qquad (8-15)$$

8.3.3 PDPSO 算法目标函数选取

在特征空间中，以类内离散度与类间距离的比值最小作为优化目标，使得同一类数据更加聚集，不同类数据更加分散，达到数据线性可分最大化，选择出最合适的偏向参数。在聚类分析中，目标是使类间离散度尽可能大，类内离散度尽可能小，因此，粒子群的适应度函数可由这个比值表示。

适应度函数确定具体描述如下：设两类训练样本集分别为：X_1 (x_{11}, x_{12}, $\cdots$, x_{1i})，X_2 (x_{21}, x_{22}, $\cdots$, x_{2j})，其中 i, $j = 1, 2, \cdots, n$，每一个样本是一个 d 维的向量。则两类样本在特征空间中的均值分别为：

$$u_1 = \frac{1}{n_1} \sum_{i=1}^{n_1} \varphi(x_{1i}) \tag{8-16}$$

$$u_2 = \frac{1}{n_2} \sum_{j=1}^{n_2} \varphi(x_{2j}) \tag{8-17}$$

类内离散度矩阵为：

$$s_1 = \sum_{i=1}^{n_2} \| \varphi(x_{1i}) - u_2 \|^2 = \sum_{i=1}^{n_1} k(x_{1i}, x_{1i}) - \frac{1}{n_1} \sum_{i=1}^{n_1} \sum_{j=1}^{n_2} k(x_{1i}, x_{1j})$$

$$\tag{8-18}$$

$$s_2 = \sum_{i=1}^{n_2} \| \varphi(x_{2i}) - u_2 \|^2 = \sum_{j=1}^{n_2} k(x_{2i}, x_{2i}) - \frac{1}{n_2} \sum_{i=1}^{n_1} \sum_{j=1}^{n_2} k(x_{2i}, x_{2j})$$

$$\tag{8-19}$$

类间散度矩阵为：

$$s_3 = \| u_1 - u_2 \|^2 = \frac{1}{n_1^2} \sum_{i=1}^{n_1} \sum_{j=1}^{n_2} k(x_{1i}, x_{1j}) - \frac{2}{n_1 n_2} \sum_{i=1}^{n_1} \sum_{j=1}^{n_2} k(x_{1i}, x_{2j})$$

$$+ \frac{1}{n_2^2} \sum_{i=1}^{n_1} \sum_{j=1}^{n_2} k(x_{2i}, x_{2j}) \tag{8-20}$$

则适应度函数为：

$$f = \frac{s_1 + s_2}{s_3} \tag{8-21}$$

8.4 基于 PDPSO 优化的 AP 聚类算法阶段划分

间歇过程在数据结构上表现为三维形式，即 X ($I \times J \times K$)，其中 I 为生产批次，K 为采样点个数，J 为监测变量。在进行三维数据预处理时，一般有三种数据展开方法，一是沿批次展开的方法，如图 8-2 所示，将 X $(I \times J \times K)$ 展成二维矩阵 X $(I \times KJ)$；二是沿变量展开的方法，如图 8-3 所示，将 X $(I \times J \times K)$ 展成二维矩阵 X $(KI \times J)$；本节采用第三种批次与变量相结合的展开方式。将 X $(I \times J \times K)$ 沿批次展开为二维矩阵 X $(I \times KJ)$，然后对 X $(I \times KJ)$ 按列进行标准化并沿时间轴进行切片，最后将矩阵按变量展开为二维数据 X $(IK \times J)$。

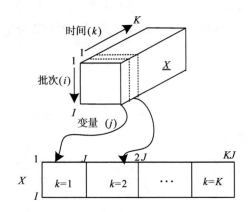

图 8-2 沿批次展开方式

Fig. 8-2 batch-wise unfolding

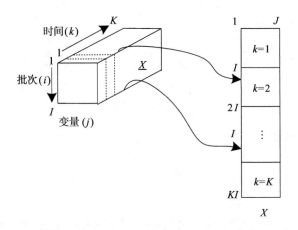

图 8-3 沿变量展开方式

Fig. 8-3 variable-wise unfolding

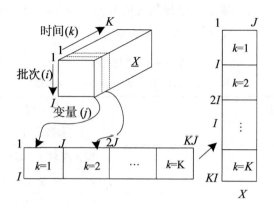

图 8－4　三维数据处理

Fig. 8－4　Three－dimensional data processing

在三维数据处理之后，利用本章提出的方法对发酵过程数据进行阶段划分，见图 8－4。基于 PDPSO 优化 AP 聚类的阶段划分步骤如下：

Step1：将三维数据按批次划分为 I 个矩阵 $X = (X^1, X^2, \cdots, X^I)^T$，其中 X^i 表示第 i 批次数据。

Step2：将 X 沿时间切片，得到 K 个时间片，按式（8－1）计算得到相似度矩阵 S。

Step3：将批次 i（$i = 1, 2, \cdots, I$）数据作为 PDPSO 算法优化的 AP 聚类的输入，将最优偏向参数 P^* 代替相似度矩阵 $S(i, k)$ 中 $s(k, k)$ 作为 AP 聚类的偏向参数，对间歇过程进行阶段划分。过程被初步划分为 c 个阶段。

8.5　仿真研究

本节实验依托青霉素补料分批培养过程进行。使用基于 PDPSO 优化 AP 聚类的多阶段 AR－PCA 方法对青霉素发酵过程进行监测，结果表明，本章提出的方法在阶段划分和过程监控方面具有良好的性能。本节展示的对比试验进一步展示了本章所提方法的有效性。

本节实验基于 Pensim 仿真平台进行。其制备具有典型的多阶段特性和过程动态性。

一般情况下，青霉素发酵过程的发酵时间为400h，实验数据的采样时间间隔为1h。表8-2为本节选取的监测过程变量。

表8-2　监测变量
Table 8-2　Monitoring of process variables

序号	变量名称
V_1	采样时间（h）
V_2	搅拌速率（r/min）
V_3	青霉素浓度（g/L）
V_4	压力（N）
V_5	溶解氧浓度（mmol/L）
V_6	底物流加速率（L/h）
V_7	菌体浓度（g/L）
V_8	pH
V_9	通风速率（L/h）
V_{10}	冷水流加速率（L/h）

传统 MPCA 方法基于线性假设，无法处理发酵过程的过程动态特性。因此本章提出了基于多阶段的 AR - PCA 动态监测模型。将过程数据矩阵作为 AP 聚类的输入，并且通过 PDPSO 算法重新定义 AP 聚类的偏向参数，使其具有更好的阶段划分功能。建模实验数据来自40个正常批次青霉素发酵过程。AP 算法的输入为批次中的所有采样数据 X（400×10）。图8-5为利用 PDPSO 优化的 AP 聚类算法划分的四个聚类中心26，55，120和300的四个阶段的划分结果。很明显，在没有任何先前的过程知识的情况下实现了相位分割的过程。

8.6　本章小结

基于发酵过程的多阶段特性，本章提出基于种群多样性的粒子群优化即 PDPSO 算法，用来指导 AP 聚类算法的核心参数中即偏向参数的选取，避免了传统方法依据聚类评价指标选取参考度时的盲目性，从而得到最优的阶段划分结果。

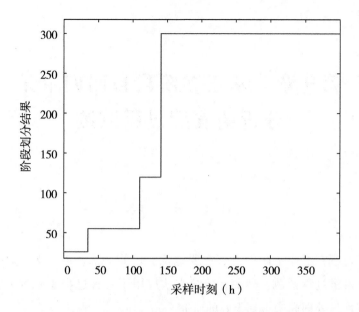

图 8 – 5　PDPSO 优化的 AP 聚类算法阶段划分

Fig. 8 – 5　AP clustering algorithm optimization with PDPSO

　　通过分析粒子飞行过程中群体的状态，针对 PSO 算法中粒子寻优存在的两个问题，本章设计了基于种群多样性的自适应惯性权重粒子群算法，即 PDPSO 算法。该方法综合考虑种群多样性和惯性权重的影响：首先，惯性权重是提高算法的搜索效率及收敛性的重要参数，其取值影响粒子的全局搜索和局部开发能力；第二，粒子群整体分布状况可由种群多样性信息表征，若种群多样性缺失，可能会造成种群提前陷入局部最优。本章通过基于群体飞行过程中的种群多样性信息来调节自适应惯性权重，从而拟合粒子群飞行过程中的状态，提出了种群多样性的改进型粒子群优化（PDPSO）算法。

第9章 基于多阶段自回归主元
分析的发酵过程监测

9.1 引　言

发酵过程在工业生产中占有重要地位。目前 PCA、PLS 及其扩展算法广泛应用于发酵过程监测。然而，传统方法应用于发酵过程监测时，对多阶段和动态特性的处理尚未得到很好的研究。

此外，发酵过程在不同阶段具有不同的主导变量和阶段特征，这些特征与时间没有线性关系，但它们在每个阶段都遵循明确的固有特征，这也使得一些变量之间存在自相关和互相关特性。

为解决发酵过程动态特性引起的监测模型建立不准确问题，Ku 等在训练模型中加入时滞数据进行优化，即 DPCA 方法，新模型可以对过去采样数据和当前变量间的相关性进行较好的处理，该方法在应用于 TE 过程时也有良好的效果。但是该方法在处理过程数据动态性的效果不理想。DPCA 分析可能会消除原始变量数据的独立性，导致潜隐变量不能满足独立性条件，也就是算法本身会引起动态性。针对 DPCA 的缺点，Kruger 提出通过 ARMA 滤波器消除潜在变量的自相关特性，即 ARMA – PCA 算法，但其在变量间互相关性上欠缺处理。Choi 提出了结合多元 AR（Auto Regression，AR）模型和 MPCA 的自回归主元分析模型（Auto Regression – Principal Component Analysis，AR – PCA）来描述变量的自相关和互相关特性。

在这些研究的启发下，本章提出了对 PDPSO 优化 AP 聚类的多阶段发酵过程的数据样本建立 AR – PCA 模型以消除各阶段的动态性及变量之间的自相关和互相关影响，考虑到阶段的动态特性，本章对划分阶段的数据建立多阶段自回归主元分析模型，使用 AR 模型消除过程动态性，对 AR 模型残差矩阵建立 PCA 模型，其中模型阶数由 Akaike（AIC）确定，模型参数用 PLS 方法估计。青霉素发酵的模拟实验结果表明了本章提出的方法的可行性和有效性，AR-PCA 模型能明显降低因动态性造成的漏报和误报，并及时发出警报。然后将该方法应用于大肠杆菌发酵过程现场实验，结果表明，该方法可以有效减少监测过程中的误报率和漏报率，从而大大提高对生产过程的监测效果。

9.2 主元分析与自回归模型

9.2.1 主元分析模型

PCA 是一种常用的数据分析方法。PCA 通过获取 k 个反映数据特征的新变量，降低样本数据的维数。求得 k 个主成分变量使原来数据矩阵线性变换，这些变量正交，互不相关，含有实际意义，并且能通过低维数据直观体现样本变量数据之间的影响和特征。将原本 m 条 n 维数据重新排列为 n 行 m 列矩阵 X，将 X 的每一行减去该行的均值进行标准化，求协方差矩阵及其特征值和特征向量，根据累计方差贡献率确定前 k 个特征向量组成的矩阵 P，即为降维到 k 维后的数据。

$X_{n \times m}$ 为标准化处理后的矩阵，$X_{n \times m}$ 可分解成 m 个向量的外积之和，如式（9-1）所示。

$$X = t_1 p_1^{\mathrm{T}} + t_2 p_2^{\mathrm{T}} + \cdots + t_m p_m^{\mathrm{T}} \qquad (9-1)$$

其中，p_i（$i=1, 2, \cdots, m$）为负载向量，$t_i \in R^n$（$i=1, 2, \cdots, m$）为主元得分向量。式（9-1）可写为：

$$X = TP^{\mathrm{T}} + E \qquad (9-2)$$

其中，P 为负载矩阵，E 为模型残差矩阵，T 为得分矩阵。得分向量之间和各负载向量间都是正交的，且任意负载向量的长度均为 1，所以对于任意的 i 和 j，当 $i \neq j$ 时，有 $t_i^{\mathrm{T}} t_j = 0$，负载向量 $p_i^{\mathrm{T}} p_j = 0$（$i \neq j$），$p_i^{\mathrm{T}} p_j = 0$（$i = j$）。因任意负载向量长度为 1，将式（9-1）两侧同时右乘 p_i 得到 X 在 p_i 上的得分向量 t_i，如式（9-3）所示，t_i 的维数表征了过程数据 X 在 p_i 上信息贡献率的实际多少。

$$t_i = Xp_i \qquad (9-3)$$

PCA 算法的步骤如下：

（1）计算过程数据 X 的协方差矩阵 S：

$$S = \frac{1}{n-1}X^T X \qquad (9-4)$$

（2）对 S 进行奇异值分解：

$$S = V\Lambda V^T \qquad (9-5)$$

其中，V 是正交矩阵，I 为单位阵，Λ 是由矩阵 S 的非负特征值从小到大排列组成的对角阵，$V^T V = I$。由式（9-3）可得：

$$S = \frac{1}{n-1}PT^T TP^T \qquad (9-6)$$

由式（9-5）与式（9-6）可得：

$$P = V \qquad (9-7)$$

$$\Lambda = \frac{1}{n-1}T^T T \qquad (9-8)$$

即，

$$\lambda_i = \frac{1}{n-1}t_i^T t_i \qquad (9-9)$$

其中，λ_i 为第 i 个主元的样本方差。然后，依据方差贡献率确定所需的维数，依据具体情况，若前 R（$R \leqslant m$）个主元的累计方差达到一定的阈值，就确定选取前 R 个主元作为新求得的主元向量矩阵，则原始过程数据从 m 维降到 R 维。

（3）求得分矩阵 T：

得分矩阵中包含了 X 降维后的数据特征信息，得到的负载矩阵 $P \in R^{m \times R}$ 保留了与 R 个最大特征值相对应的负载向量，如式（9-10）所示：

$$T = XP \qquad (9-10)$$

9.2.2 自回归模型

在对间歇过程进行阶段划分后，本章提出通过对各阶段建立 AR 建模以消除每个阶段的动态性及变量之间的自相关和互相关影响。第 i 批次的 AR 模型如下：

$$X_k^{i,c} = \sum_{l=1}^{L} \boldsymbol{\varphi}_l^{i,c} X_{k-l}^{i,c} + \boldsymbol{e}_k^{i,c} \tag{9-11}$$

其中，$X_k^{i,c}$，$\boldsymbol{e}_k^{i,c} \in \boldsymbol{R}$（$J \times 1$）分别为第 i 批次数据在第 c 个阶段 k 时刻的测量变量及模型残差，L 为滞后时间，其值由式（9-11）中定义的 Akaike 信息准则确定，$\boldsymbol{\varphi}_l^{i,c} \in \boldsymbol{R}$（$J \times J$）为第 c 个阶段 $k-l$ 时刻的模型系数矩阵。

$$AIC(L) = N\ln\sigma_a^2 + 2L$$

$$\sigma_a^2 = \frac{\Delta}{N - L} \tag{9-12}$$

$$\Delta = \sum_{t=L+1}^{N} \left(x_k^{i,c} - \varphi_1 x_{t-1} - \varphi_2 x_{t-2} - \cdots - \varphi_L x_{t-L} \right)^2$$

其中，L 为 AR 模型阶次，N 是每个阶段的样本数，σ_a^2 是残差的方差，Δ 是残差的平方和，$\boldsymbol{\Phi}^i = [\varphi_1, \varphi_2, \cdots, \varphi_L]$ 是模型系数矩阵。可以写成：

$$X_k^{i,c} = \sum_{l=1}^{L} \varphi_l^{i,c} X_{k-l}^{i,c} + \boldsymbol{e}_k^{i,c} \tag{9-13}$$

其中，$X_{k-1:k-L}^{i,c} \equiv [(x_{k-1}^{i,c})^{\mathrm{T}} (x_{k-2}^{i,c})^{\mathrm{T}} \cdots (x_{k-L}^{i,c})^{\mathrm{T}}]^{\mathrm{T}} \in \boldsymbol{R}$（$JL \times 1$）是增广系统矩阵。本章使用 PLS 进行辨识以获得更精确和稳定的模型。系数矩阵辨识过程中 PLS 模型定义如下：

$$X_{k-1:k-L}^{i,c} = \boldsymbol{P}_{PLS}^{i,c} \boldsymbol{t}_k^{i,c} + \boldsymbol{v}_k^{i,c} \tag{9-14}$$

$$X_k^{i,c} = \boldsymbol{Q}_{PLS}^{i,c} \boldsymbol{B}^{i,c} \boldsymbol{t}_k^{i,c} + \boldsymbol{e}_k^{i,c} \tag{9-15}$$

其中，$\boldsymbol{t}_k^{i,c} \in \boldsymbol{R}$（$Z$）为 PLS 模型对应的得分向量，$Z$ 为 PLS 模型主元个数。$\boldsymbol{P}_{PLS}^{i,c}$，$\boldsymbol{Q}_{PLS}^{i,c}$ 为负载矩阵，$\boldsymbol{v}_k^{i,c}$，$\boldsymbol{e}_k^{i,c}$ 分别是批次中独立变量和相关变量的残差向量。$\boldsymbol{B}^{i,c}$ 是模型回归系数矩阵。本章使用非线性迭代偏最小二乘法（NIPALS）来计算 PLS 的模型矩阵。最后，得分向量计算式如下：

$$\boldsymbol{t}_k^{i,c\mathrm{T}} = X_{k-1:k-L}^{i,c\mathrm{T}} \boldsymbol{H}^{i,c\mathrm{T}} \tag{9-16}$$

其中，$\boldsymbol{H}^{i,c\mathrm{T}} \equiv \boldsymbol{W}^{i,c} (\boldsymbol{P}_{PLS}^{i,c\mathrm{T}} \boldsymbol{W}^{i,c})^{-1}$，$\boldsymbol{W}^{i,c}$ 为 $X_{k-1:k-L}^{i,c\mathrm{T}}$ 的权重矩阵。模型的系数矩阵 $\boldsymbol{\Phi}^{i,c}$ 可按下式计算：

$$\boldsymbol{\Phi}^{i,c\mathrm{T}} = \boldsymbol{H}^{i,c\mathrm{T}} \boldsymbol{B}^{i,c} \boldsymbol{Q}_{PLS}^{i,c\mathrm{T}} \tag{9-17}$$

9.3 基于 AR 残差的 MPCA 模型

在为 I 个批次过程数据建立 AR 模型后，将其模型残差排列为三维矩阵形式 $E = [E^1, E^2, \cdots, E^I]$，其中第 i 个 MAR 模型的残差为 $E^i \in R \ ((K-L) \times J)$，$E^i = (e_L^i, e_{L+1}^i, \cdots, e_K^i)$，$e_k^i$ 表示模型残差，$e_k^i = (e_{k,1}^i, e_{k,2}^i, \cdots, e_{k,J}^i)$，$e_{k,j}^i$ 表示第 j 个变量的模型残差。采样沿变量方向展开得到 $E' \ ((K-L) I \times J)$，如式（9-18）所示：

$$E' = \begin{bmatrix} e_{L,1}^1 & e_{L,2}^1 & \cdots & e_{L,J}^1 \\ e_{L,1}^2 & e_{L,2}^2 & \cdots & e_{L,J}^2 \\ \vdots & & & \\ e_{L,1}^I & e_{L,2}^I & \cdots & e_{L,J}^I \\ \vdots & & & \vdots \\ \vdots & & & \vdots \\ e_{K,1}^1 & e_{K,2}^1 & \cdots & e_{K,J}^1 \\ e_{K,1}^2 & e_{K,2}^2 & \cdots & e_{K,J}^2 \\ \vdots & & & \\ e_{K,1}^I & e_{K,2}^I & \cdots & e_{K,J}^I \end{bmatrix} \qquad (9-18)$$

对 E' 建立 PCA 模型，如下所示：

$$E' = T_{PCA} (P_{PCA})^T + E_{PCA} \qquad (9-19)$$

其中，$E_{PCA} \in R(I(k-L) \times R)$，$P_{PCA} \in R(J \times R)$ 和 $T_{PCA} \in R(I(K-L) \times R)$ 分别为残差矩阵，负载矩阵及得分矩阵。本章按照累计方差贡献率大于 85% 的标准确定主元个数 R，并计算监控统计量 T^2 和 SPE 监控限，对新批次数据建立相同的模型，与得到的控制限比较。对于监控批次，AR 的系数矩阵 $\hat{\boldsymbol{\Phi}}$ 为：

$$\hat{\boldsymbol{\Phi}} = \frac{1}{I-1} \sum_{i=1}^{I} \boldsymbol{\Phi}^i \qquad (9-20)$$

AR 模型可以有效去除变量之间的自相关和互相关关系，本章对 AR 模型残差矩阵 $e_k^{i,c}$ 构建 PCA 模型用于过程监控和故障检测。此时，PCA 模型表示为：

$$E^c = T_{PCA}^c \left(P_{PCA}^c\right)^{\mathrm{T}} + E_{PCA}^c \tag{9-21}$$

当 $c=1$ 时，$T_{PCA}^c \in R\ (I\ (k1-L)\ \times R_c)$，$P_{PCA}^c \in R\ (J \times R_c)$，$E_{PCA}^c \in R$ $(I\ (k1-L)\ \times R_c)$ 分别为第一阶段的得分矩阵，负载矩阵和残差矩阵。当 $c>1$ 时，$T_{PCA}^c \in R\ (I\ (kc)\ \times R_c)$，$P_{PCA}^c \in R\ (J \times R)$ 和 $E_{PCA}^c \in R$ $(I\ (kc)\ \times R_c)$ 分别为第 c 阶段的得分矩阵，负载矩阵和残差矩阵。R_c 表示由累计方差贡献确定的 PCA 模型中保留的主元数量。每个阶段 R_c 值不一定相同。基于多阶段的 AR – PCA 比 MPCA 具有更好的间歇过程监测性能，因为后者是基于过程线性和稳定假设的单一监测模型。

9.4 多阶段 AR – PCA 监测

在每个阶段内，计算 T^2、SPE 等统计量并确定其控制限，依据模型计算 T^2 统计量和 SPE 统计量，在第 c 个阶段内，T^2 统计量服从自由度为 R，N_c-R 的 F 分布，SPE 统计量服从广义的 χ^2 分布，如下式所示：

$$T_c^2 \sim \frac{R(N_c^2 - 1)}{N_c(N_c - R)} F_{R,N_c-R,\alpha}$$

$$SPE_{ck} \sim g_{ck}\chi_{ck,\alpha}^2$$

$$g_{ck} = \frac{v_{ck}}{2m_{ck}} \tag{9-22}$$

$$h_{ck} = \frac{2m_{ck}^2}{v_{ck}}$$

其中，N_c 为第 c 个阶段模型的样本点数目，α 为置信度，m_{ck} 和 v_{ck} 分别为第 c 个阶段模型的 SPE 的均值和方差，k 为采样时刻。

检查 T^2 和 SPE 统计量是否超过了模型的控制限，若发现超限，则说明生产过程存在故障。

9.5 多阶段 AR – PCA 监测模型的建立

本章提出的多阶段 AR – PCA 发酵过程建模及在线监测流程如图 9 – 1 所示。

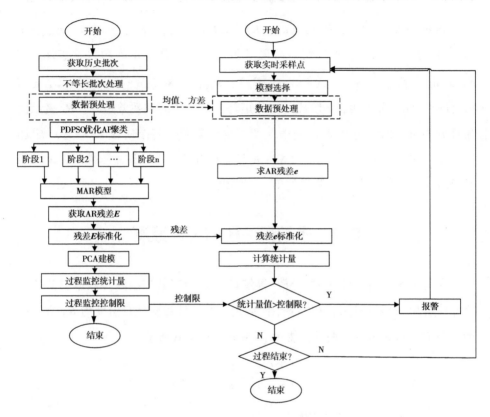

图 9 – 1 多阶段 AR – PCA 发酵过程建模及在线监测流程

Fig. 9 – 1 The multiphase AR – PCA monitoring method

9.5.1 基于多约束 DTW 的批次不等长处理

本节选取了 30 个正常历史批次进行正常监测过程建模。各批次青霉素发酵过程时间为 394 小时到 406 小时不等，经计算得出各批次发酵过程的平均时间为 400 小时，即为本节选取的初次迭代时间，经过如第 2 章所述的参考批次轨迹缩放多约束 DTW 批次轨迹同步过程，对 30 个正常批次青霉素发酵过程数据进行批次不等长处理。

9.5.2 数据预处理

发酵过程在数据结构上表现为三维形式，即 X（$I \times J \times K$），其中 I 为生产批次，K 为采样点个数，J 为监测变量。在进行三维数据预处理时，采用变量展开与批次展开相结合的方式。首先将 X（$I \times J \times K$）沿批次方向展开为二维矩阵 X（$I \times KJ$），其次对 X（$I \times KJ$）按列进行标准化并沿时间轴进行切片，最后将矩阵按变量展开为二维数据 X（$IK \times J$）。

9.5.3 基于 PDPSO 优化的 AP 聚类划分阶段

将批次 i（$i = 1$，2，$\cdots$，I）数据作为 PDPSO 算法优化的 AP 聚类的输入，具体步骤如第 3 章所示，将最优偏向参数 P^* 代替相似度矩阵 S（i，k）中 s（k，k）作为 AP 聚类的偏向参数，对间歇过程进行阶段划分。过程被初步划分为 c 个阶段。

9.5.4 多阶段 AR-PCA 建模

对各个阶段数据建立 AR 模型，将 AR 模型的残差矩阵 E^c 整合为三维矩阵，将残差矩阵沿变量方向展开得到 $E^{c'}$。对重排列后的 $E^{c'}$ 建立 PCA 模型，并计算协方差矩阵，在每个阶段内，计算 T^2、SPE 等统计量并确定其控制限，依据模型计算 T^2 统计量和 SPE 统计量。对待监测的批次建立多阶段 AR-PCA 模型，检查 T^2 和 SPE 统计量是否超过了模型的控制限，若发现超限，则说明生产过程存在故障。

9.6 仿真研究

9.6.1 AR 建模条件检验

过程变量偏自相关的截尾性和自相关的拖尾性是 AR 模型建模数据需要满足的条件。本节对实验数据变量相关系数进行了分析实验，用于检验发酵过程数据是否满足建立 AR 模型的条件，实验结果如图 9-2 和图 9-3 所示。由图可得，建模数据需要满足 AR 模型建立条件。

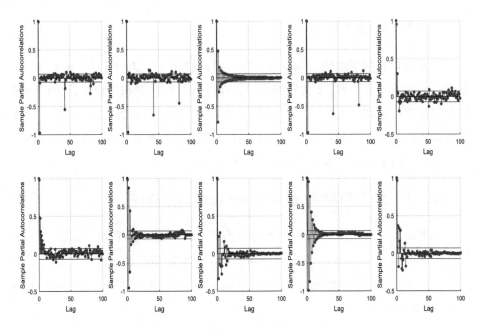

图 9 – 2　变量偏自相关的截尾性验证

Fig. 9 – 2　Variables of truncated checking for partial autocorrelation

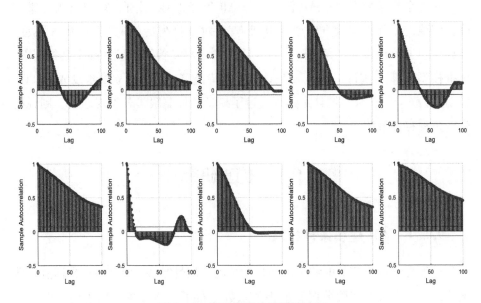

图 9 – 3　变量自相关拖尾性验证

Fig. 9 – 3　Variables of the autocorrelation trailing validation

9.6.2　AR 去除相关性验证分析

为了探究 AR 去除相关性的效果，本小节进行了 Monte Carlo 实验，实验采用了 Krugere 和 Ku 的数值实例。数值仿真实例如下：

$$\begin{cases} z(k) = Az(k-1) + Bv(k-1) \\ y(k) = z(k) + f(k) \end{cases} \qquad (9-23)$$

式（9-23）中，$f(k)$ 为测量噪声，$z(k)$ 为过程状态，$A = \begin{bmatrix} 0.118 & -0.191 \\ 0.847 & 0.264 \end{bmatrix}$，$B = \begin{bmatrix} 1 & 2 \\ 3 & -4 \end{bmatrix}$。

过程输入 $v(k)$ 求解如下：

$$\begin{cases} v(k) = Cv(k-1) + Dw(k-1) \\ u(k) = v(k) + g(k) \end{cases} \qquad (9-24)$$

式（9-24）中，$g(k)$ 是测量噪声，$w(k)$ 为零均值单位方差的白噪声，$C = \begin{bmatrix} 0.811 & -0.226 \\ 0.477 & 0.415 \end{bmatrix}$，$D = \begin{bmatrix} 0.193 & 0.689 \\ -0.320 & -0.749 \end{bmatrix}$。

在进行相关性分析时，本节采用 45 个批次的时间序列。由上述方法验证的 MPCA 建模的 AR 模型残差的自相关性和互相关性较原始数据变量间的自相关性和互相关性显著降低。

9.6.3　AR 模型残差高斯性验证

进行阶段划分之后，为每个阶段分别建立 AR 模型。图 9-4 到图 9-7 为变量 2 和变量 5 与对应 AR 模型残差高斯性验证结果，观察可知，AR 模型的残差相比对应的原始变量，其分布更接近高斯分布。然后，使用 PCA 对 AR 模型残差进行建模，在每个阶段，AR 模型的模型阶次和 PCA 模型的主元个数在表 9-1 中列出。

表 9-1　各阶段 AR 模型阶次和 PCA 模型主元个数

Table 9-1　AR model order and R_c in different stages of the principal component number

阶段	1	2	3	4
AR Order	3	3	4	5
R_c	6	5	5	5

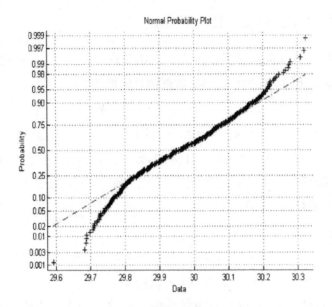

图 9 - 4　变量 2 高斯分布图

Fig. 9 - 4　Normal probability plots of Variable 2

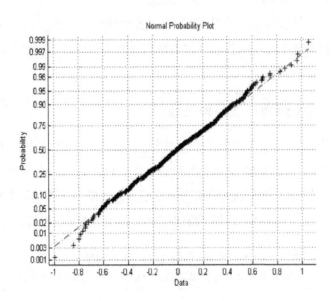

图 9 - 5　变量 2 AR 残差高斯分布图

Fig. 9 - 5　Normal probability plots of AR - residuals of Variable 2

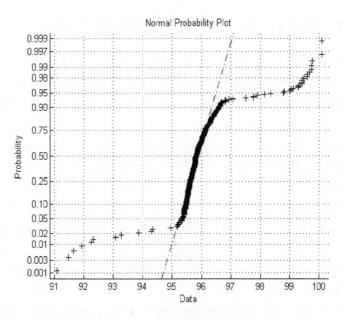

图 9 - 6　变量 5 高斯分布图

Fig. 9 - 6　Normal probability plots of Variable 5

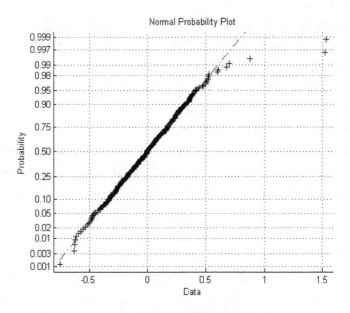

图 9 - 7　变量 5 AR 残差高斯分布图

Fig. 9 - 7　Normal probability plots of AR - residuals of Variable 5

9.6.4 多阶段 AR – PCA 过程在线监测及对比分析

本节对 AR 模型的残差进行 PCA 建模，并进行了对比试验。通过本章提出的基于 PDPSO 优化的多阶段 AR – PCA 方法与 AR – PCA 方法和基于传统 AP 聚类的 AR – PCA 发酵过程监测方法分别对正常批次和故障批次的发酵过程实施监测。

图 9 – 8、图 9 – 9 和图 9 – 10 分别为利用 AR – PCA 方法和基于 AP 聚类的 AR – PCA 方法以及本章提出的基于 PDPSO 优化的多阶段 AR – PCA 方法对正常批次进行监测的效果图。可以看出，T^2 监控统计量在监控开始的前 20 小时内出现了阶段性的误报警，并且在 20 小时之后也存在离散的误报警。基于 AP 聚类的 AR – PCA 方法在监控开始的前 20 小时内误报率有所降低，但是还存在较多的误报警。本章提出的多阶段 AR – PCA 方法中，T^2 监测统计量数据一直低于 99% 控制限并大致低于 95% 的控制限，SPE 监测统计量数据一直低于 99% 和 95% 的控制限。

AR – PCA 方法和基于 AP 聚类的 AR – PCA 方法以及本章提出的基于 PDPSO 优化的多阶段 AR – PCA 方法对故障批次的监测结果分别如图 9 – 11、图 9 – 12 和图 9 – 13 所示。故障批次设置为搅拌速率在 200 小时引入下降幅值为 1.2% 斜坡故障。

很容易地观察到，传统 AR – PCA 建模方法的 SPE 统计量在监控开始的前 20 小时内出现了阶段性的误报警，并且未能在第 200 小时及时监测到故障直至反应结束。基于 AP 聚类的 AR – PCA 的监测方法在前 20 小时内的阶段误报率有所降低，但是还存在不均匀分布的误报和漏报。而本章提出的基于 PDP-SO 优化的多阶段 AR – PCA 方法能在第 200 小时左右准确地监测到故障，并且降低了前 20 小时内的故障的误报率。

本章提出的基于 PDPSO 优化的多阶段 AR – PCA 方法和 AR – PCA 方法以及基于 AP 聚类的 AR – PCA 方法用于故障批次监测的 T^2、SPE 统计量误报率、漏报率的对比分析结果如表 9 – 2 所示。

表 9 – 2　过程监测结果对比

Table 9 – 2　Statistical results of false batches

监测方法	T^2		SPE	
	误报率	漏报率	误报率	漏报率
AR – PCA 方法	15%	7%	16%	7%
AP 聚类 AR – PCA 方法	9%	5%	5%	6%
本章方法	1.1%	0.8%	1%	1.3%

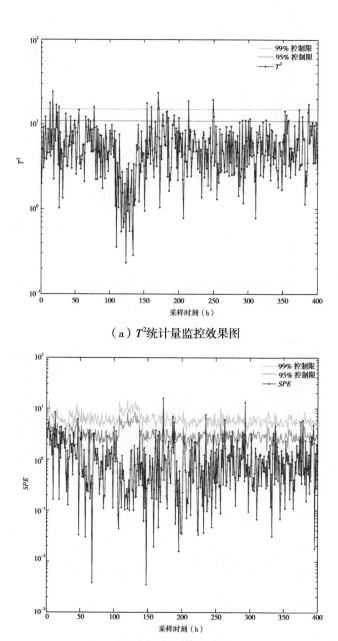

（a）T^2统计量监控效果图

（b）SPE统计量监控效果图

图9-8　AR-PCA 正常批次监控图

Fig. 9-8　Monitoring plots using AR-PCA of normal batch

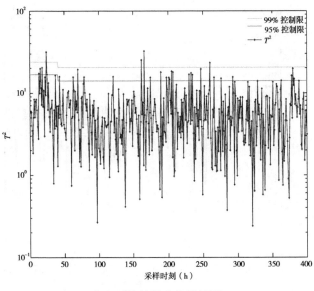

（a）T^2统计量监控效果图

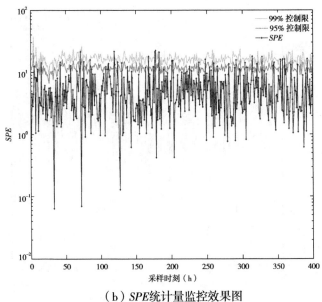

（b）SPE统计量监控效果图

图9-9　基于 AP 聚类的 AR-PCA 正常批次监控图

Fig. 9-9　Monitoring plots using AR-PCA base on AP clusing of normal batch

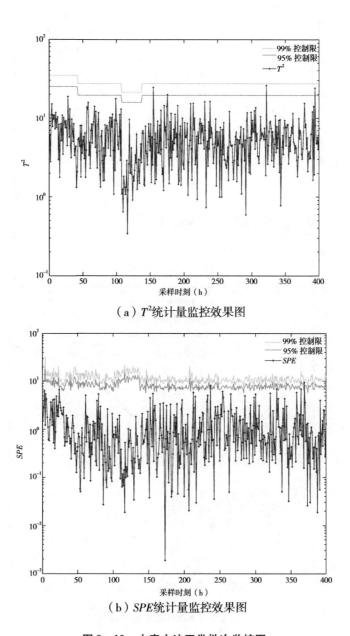

（a）T^2统计量监控效果图

（b）SPE统计量监控效果图

图 9 – 10　本章方法正常批次监控图

Fig. 9 – 10　Monitoring plots using proposed method of normal batch

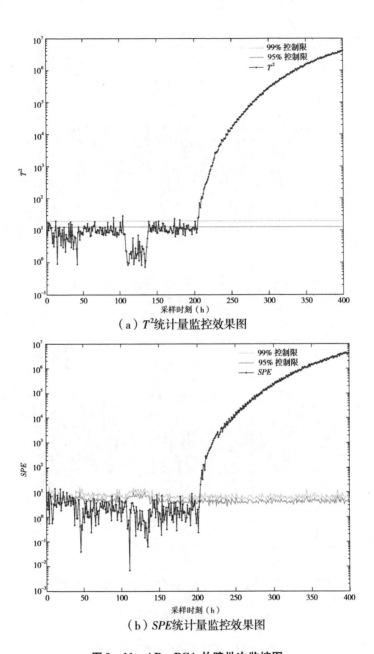

（a）T^2统计量监控效果图

（b）SPE统计量监控效果图

图 9 – 11 　AR – PCA 故障批次监控图

Fig. 9 – 11 　Monitoring plots using multivariate AR – PCA in case of fault batch

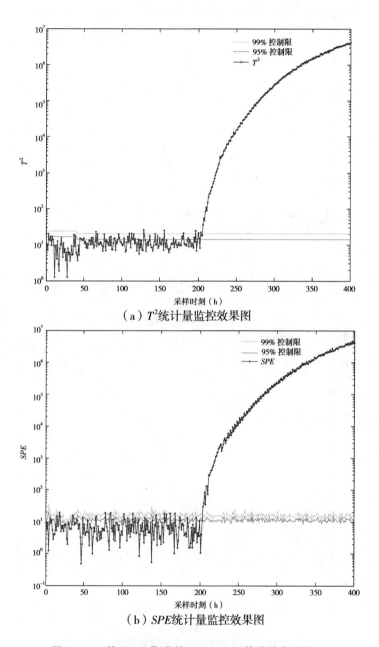

（a）T^2统计量监控效果图

（b）SPE统计量监控效果图

图 9 – 12　基于 AP 聚类的 AR – PCA 故障批次监控图

Fig. 9 – 12　Monitoring plots using AR – PCA base on AP clusing in case of fault batch

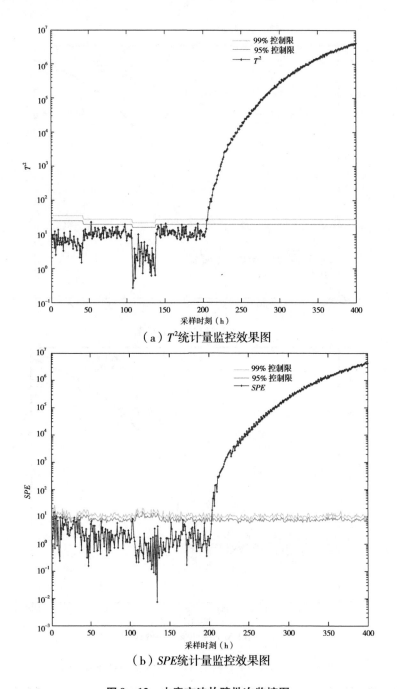

（a）T^2统计量监控效果图

（b）SPE统计量监控效果图

图 9 - 13　本章方法故障批次监控图

Fig. 9 - 13　Monitoring plots using proposed method in case of fault batch

9.7 大肠杆菌发酵现场实验与结果分析

9.7.1 大肠杆菌发酵过程简介

生物制药行业中多采用重组大肠杆菌发酵制备抗肿瘤的医学治疗用药白介素 -2，该发酵过程采用补料分批发酵方式，具有多阶段、多变量耦合等特性，是发酵过程的典型案例。重组大肠杆菌发酵生产制备白介素 -2 的批次周期约为 6~7h，该现场实验在北京经济技术开发区某生物制药厂进行，实验过程中采用的是 Sartorius BIOSTAT BDL 50L 发酵罐，其发酵控制系统如图 9 -14 所示。

图 9 -14 大肠杆菌发酵及控制系统

Fig. 9 -14 Fermentation and control system of escherichia coli

由于现场实验较仿真实验而言更易受到噪声等外界环境因素的影响，所以生产过程会呈现出更为强烈的动态特性。现场实验过程不同于模拟仿真，采集的过程变量受到现实条件的限制，因此实验过程中选取 7 个主要过程变量用于实验分析，所选取的过程变量如表 9 -3 所示。

表 9 – 3 大肠杆菌发酵过程变量

Table 9 – 3 Variables of E. coli fermentation process

变量编号	变量
X_1	温度（Temperature, ℃）
X_2	搅拌转速（Agitator speed, r/min）
X_3	通气量（Aeration rate, L/min）
X_4	罐压（Pressure, Bar）
X_5	溶解氧浓度（DO, %）
X_6	罐外 pH
X_7	罐内 pH

图 9 – 15 所示为大肠杆菌发酵过程原理图。其中，发酵过程中各参量的调节控制是通过控制器控制相应被控对象实现的。现场实验选取发酵时长为 6h，每隔 5min 进行一次采样，这样每一批次就可以获得 72 个采样点。同仿真实验一样，采用正常操作条件下的 30 批次正常数据用于实验离线阶段的阶段划分和建模，此 30 批次数据记作 X（$30 \times 7 \times 72$）。

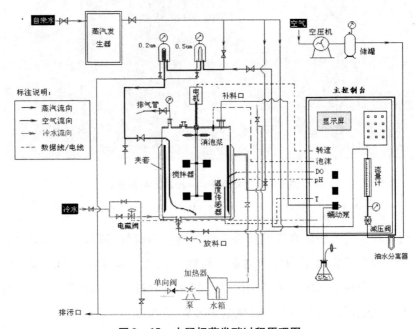

图 9 – 15 大肠杆菌发酵过程原理图

Fig. 9 – 15 Schematic diagram of escherichia coli fermentation process

9.7.2　实验过程与结果分析

（1）大肠杆菌发酵过程的阶段软化分

对此30批次正常生产数据按照第5章所述的方法进行批次加权后，使用AP聚类算法进行阶段初步硬化分，结果如图9－16所示。明显可以看出，大肠杆菌发酵过程也被划分为3个阶段，对应时刻区间分别为：（1～33）、（34～51）、（52～72）。同仿真聚类结果一样，该阶段只反映数据特征的相近性，与大肠杆菌的生长曲线区间并不严格对应。

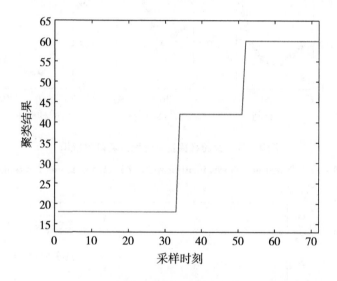

图9－16　大肠杆菌发酵过程阶段硬化分结果

Fig. 9－16　Hard Classifying of Escherichia coli fermentation

图9－17与图9－18所示分别为大肠杆菌实际生产过程数据进行过渡阶段辨识以及最终的阶段划分结果。最终结果显示，整个发酵过程同样被划分为5个阶段：稳定阶段1（1～29）、过渡阶段1（30～35）、稳定阶段2（36～43）、过渡阶段2（44～55）、稳定阶段3（56～72）。

（2）大肠杆菌发酵过程的采样点阶段归属判断

图9－19、图9－20、图9－21分别为采用本章方法对大肠杆菌发酵过程正常在线生产批次各实时采样点阶段归属判断的结果。

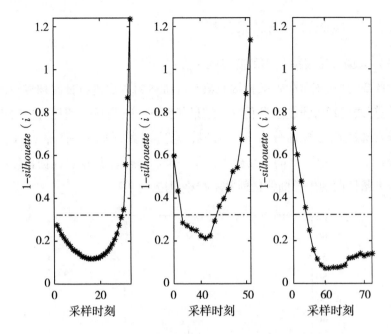

图 9 – 17　大肠杆菌发酵过程过渡阶段辨识

Fig. 9 – 17　Transition phases identification of Escherichia coli fermentation

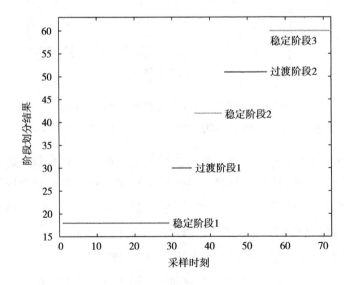

图 9 – 18　大肠杆菌发酵过程阶段划分结果

Fig. 9 – 18　The result of phase Classifying of Escherichia coli fermentation

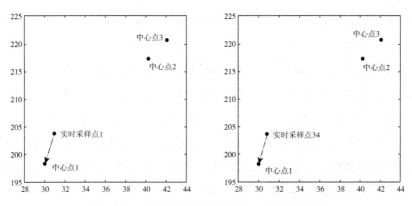

图 9 – 19 大肠杆菌发酵过程第一阶段的起止点

Fig. 9 – 19 Starting and ending points of the first stage of Escherichia coli fermentation

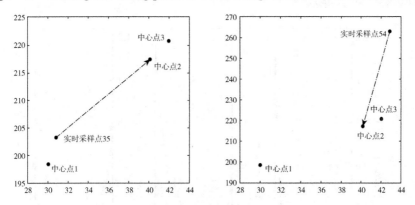

图 9 – 20 大肠杆菌发酵过程第二阶段的起止点

Fig. 9 – 20 Starting and ending points of the second stage of Escherichia coli fermentation

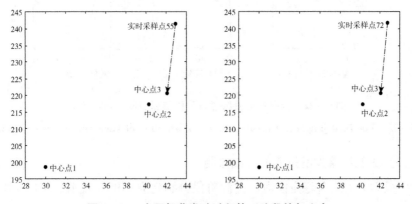

图 9 – 21 大肠杆菌发酵过程第三阶段的起止点

Fig. 9 – 21 Starting and ending points of the third stage of Escherichia coli fermentation

综上可知，将各在线采样点有效划分到各阶段当中，分配结果为：（1~34）、（35~54）、（55~72）。

对大肠杆菌发酵过程进行阶段归属的最终判定结果如图9-22所示。如前所述，我们将离线获得的三个阶段所包含时刻进行三等分处理，然后针对每两相邻阶段的前一阶段后三分之一时刻位置的采样点和后一阶段前三分之一时刻位置的采样点进行阶段归属的最终判定，分离出属于过渡阶段的数据点。通过检测超限点，我们可以得到过渡阶段所包含的采样数据点分别为：过渡阶段1（29~35）、过渡阶段2（44~55）。此时，去除过渡阶段所包含样本点的各稳定阶段最终确定为：稳定阶段1（1~28）、稳定阶段2（36~43）、稳定阶段3（56~72）。

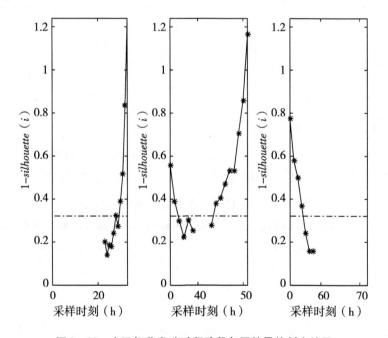

图9-22 大肠杆菌发酵过程阶段归属的最终判定结果

Fig. 9-22 The final judgement results of stage attribution of Escherichia coli fermentation

（3）大肠杆菌发酵过程的在线监测

阶段划分后对各稳定阶段和过渡阶段分别建立 MPCA 模型、AR-PCA 模型，对于采集到的新时刻样本数据依据上文给出的阶段归属判断结果进行监测模型的选择，对其进行状态监测。

在线监测时，同样将本章所提方法的监测效果与传统 MPCA 方法和基于 AP 聚类阶段硬化分后的子阶段 MPCA 方法监测效果进行对比分析。图 9 – 23、图 9 – 24 以及图 9 – 25 所示分别为传统 MPCA 方法、基于 AP 聚类阶段硬化分后的子阶段 MPCA 方法和本章所提方法对重组大肠杆菌制备白介素 – 2 发酵过程正常生产批次的监测结果图。由于实际生产过程较仿真过程更为敏感，变量间会表现出更为强烈的动态特性，因此传统 MPCA 对整个过程建立单一模型监测效果不佳，误报率将近 50%。基于 AP 聚类阶段硬化分的子阶段 MPCA 方法，针对不同阶段建立 MPCA 模型，关注了子阶段的局部数据特性，过程监测的误报率大幅降低，但可以看出仍然会不时地出现误报的情况。本章所提出的监测方法在阶段软化分基础之上，充分考虑了过渡过程变量间的动态性，采用 AR 模型对其加以消除，降低了过程变量之间的耦合，有效降低了过程监测时的误报率和漏报率。

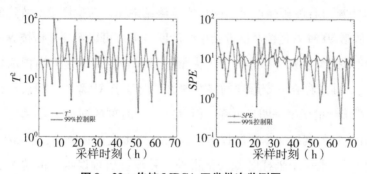

图 9 – 23　传统 MPCA 正常批次监测图

Fig. 9 – 23　The monitoring diagram of normal batch using the traditional MPCA

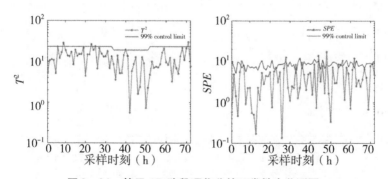

图 9 – 24　基于 AP 阶段硬化分的正常批次监测图

Fig. 9 – 24　The monitoring diagram of normal batch of phase hard classifying based on AP

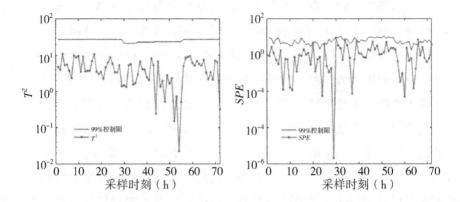

图 9 - 25   本章方法正常批次监测图

Fig. 9 - 25   The monitoring diagram of normal batch using the proposed algorithm

图 9 - 26、图 9 - 27 以及图 9 - 28 所示为三种方法对重组大肠杆菌制备白介素 - 2 发酵过程故障生产批次的最终监测结果图，该生产批次故障的设置为变量 X_3 从第 30 时刻延续至反应结束的阶跃故障。可以看到，传统 MPCA 方法在用于故障批次监测时同样会产生大量的误报警，并不能准确指示异常或故障的发生，而且存在一定程度的漏报现象，而基于 AP 聚类的阶段硬化分建模方法的 T^2 统计量误报率明显下降，但存在一个时刻的漏报，同时其 SPE 统计量仍存在大量的漏报。本章所提方法在对故障批次的监测中，除 SPE 统计量在故障初期出现一个采样时刻的漏报外，并没有出现误报警的情况。监测结果的统计数据列于表 9 - 4。

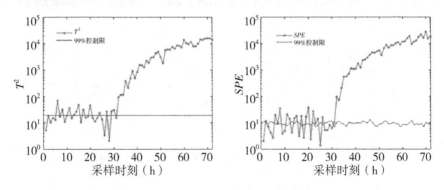

图 9 - 26   传统 MPCA 故障批次监测图

Fig. 9 - 26   The diagram of false batch using the traditional

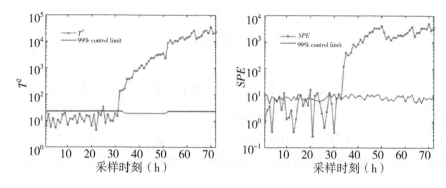

图 9 – 27　基于 AP 阶段硬化分的故障批次监测图

Fig. 9 – 27　The monitoring diagram of false batch of phase hard classifying based on AP

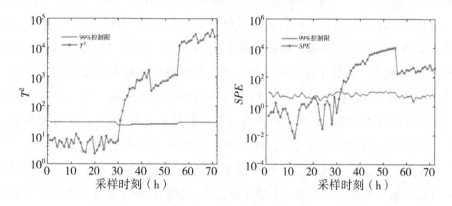

图 9 – 28　本章方法故障批次监测图

Fig. 9 – 28　The diagram of false batch using the proposed algorithm

表 9 – 4　大肠杆菌发酵过程监测统计结果

Table 9 – 4　The monitoring statistical results of E. coli fermentation process

监测方法	生产批次	T^2		SPE	
		漏报率	误报率	漏报率	误报率
传统 MPCA 方法	正常	0	48.6%	0	40.3%
	故障	2.4%	36.7%	0	46.7%
子阶段 MPCA 方法	正常	0	8.3%	0	15.3%
	故障	1.4%	1.4%	1.4%	12.5%
本章方法	正常	0	0	0	5.6%
	故障	0	0	1.4%	0

9.8　本章小结

　　针对发酵过程的动态性特征，本章提出了对划分阶段的数据建立多阶段自回归主元分析 AR – PCA 模型，即首先对数据建立 AR 模型将间歇过程的动态性消除，其次对 AR 模型的残差矩阵建立 PCA 模型，AR – PCA 模型能明显降低因动态性造成的漏报和误报，并及时发出警报。本章所提算法的分析验证依托于青霉素生产过程，并与传统多阶段 AR – PCA 监测方法进行对比，传统多阶段 AR – PCA 发生误警报的时间具有明显的阶段特征，这更表明构建精确的多阶段 AR – PCA 模型的必要性，而本章提出的基于多阶段 AR – PCA 发酵过程监测方法考虑了过程的多阶段特性和过程的动态性，通过将整个发酵过程精确划分为四个阶段，对各阶段建立 AR 模型，并对 AR 模型的残差矩阵建立 PCA 模型，去除了过程动态性，能有效地降低误报率和漏报率，及时监测出故障的发生，在实际生产过程中起到有效的指导作用。将本章提出的基于 PDPSO 优化的多阶段 AR – PCA 方法和与传统多阶段 AR – PCA 方法和基于 AP 聚类阶段硬划分的子阶段的 AR – PCA 方法用于故障批次的监测实验表明了本章所提方法的有效性。本章在前述理论及仿真实验基础上，结合实际重组大肠杆菌生产制备白介素 – 2 的发酵过程，对理论研究进行实践检验。实际发酵生产过程较模拟仿真实验更易遭受外界环境的干扰，使得过程变量面临的不确定性因素增加，表现出更为强烈的动态特性，因此对实际生产过程的监测更能够体现出监测方法的稳定性及优越性。实验研究结果表明，本章所提方法在用于大肠杆菌发酵过程监测时，可以及时有效地检测到异常状况的发生，表明了该方法的有效性和可行性。

第 10 章 基于 KPCA – PCA 的多阶段间歇过程监控策略

10.1 引 言

多阶段和批次间轨迹不等长是许多间歇过程的固有特征，过程的每个阶段都有不同的过程主导变量和过程特征，而且过程变量相关关系并非随时间时刻变化，而是跟随过程操作进程或过程机理特性的变化呈现分阶段性，例如，发酵过程按照细菌的生长周期可划分为停滞期、对数生长期、静止期等阶段；注塑过程可划分为注射、保压和冷却等操作阶段。因此，对于多阶段间歇过程的统计建模和在线监控，不仅要分析过程的整体运行状况是否正常，更应深入分析过程的每一个操作子阶段是否正常。

在前面的章节中，我们介绍了传统 MPCA、MKPCA 方法，这些方法均是将一个批次的所有数据当作一个统计样本来建立统计模型，忽视了间歇生产中的局部过程行为特征，很难揭示过程变量相关关系的变化，如采用一个线性模型对多阶段间歇过程进行描述，模型只能准确描述出某一或某几个阶段的特性，导致在其余阶段下出现大量误报警；或者模型涵盖所有阶段的操作范围，控制限宽松，导致在某些阶段下发生故障也不能及时报警，出现大量漏报警的情况。目前，针对间歇过程的多阶段特性，Cenk Undey 提出了基于操作阶段的划分算法；Camacho 等提出采用一个线性局部模型逼近过程行为特征，从而达到划分阶段和解决过程非线性的目的；Jie Yu 等提出了基于多元混合高斯模型的阶段划分算法；Lu 等提出了间歇过程子时段划分算法，以及基于子时段 PCA（sub – PCA）模型的过程监控方法。然而，上述各种方法均属于硬分类方法，在每个子时段将数据看成一个完整的对象处理，不能很好地反映过渡阶段特性的变化，从而造成相邻阶段的过渡过程特性变化对检测结果产生很大影响。这是因为相比各个稳定阶段的主要运行模态，模态之间的过渡虽然不代表主流的过程操作机理特性，却是一种普遍现象和重要的过程行为。这种过渡模态表现为一种动态的渐变趋势，不仅体现在过程变量的变化上，更体现在过程变量相关关系的变化上。从总的趋势来看，在过渡初期，各时间点的过程特性与前一阶段的运行特性比较接近；随着过渡的不断进行，在过渡后期，过程特性慢慢过渡到后一阶段的运行模态。但应指出，过渡中的过程潜在特性并不一定总是处于严格递变中，且批次间相应的过渡过程常表现为时间轴上的不同步。鉴于过渡区域与稳定阶段具有显著不同的运行模态和潜在特性，有必要将过渡过程分离出来，单独建模分析其过程特性的发展变化。

此外，过程变量相关关系呈现的分阶段性使得过程的非线性特性往往与过程阶段密切相关，采用分阶段 PCA 建模实质是非线性过程的局部线性化，因此，在一定程度上能较好地解决过程的非线性问题。但是，各批次阶段轨迹的不同步及过渡过程的存在使得过渡过程往往具有更强的动态非线性，因此，为建立更精确、有效的过程监控模型，过渡过程的动态非线性必须加以考虑。

针对以上问题，本章从过渡模态本身的特性入手，提出一套新的、完整的多阶段间歇过程监控及故障诊断策略。该策略综合考虑了间歇过程普遍存在的多阶段、过渡特性、非线性及阶段不同步等特性。它以每个时刻的数据矩阵相似度作为输入样本，采用模糊聚类实现阶段划分，根据模糊隶属度辨识相邻阶段间的过渡过程，之后，对每个稳定阶段建立不同的统计模型，使每个稳定阶段模型可以涵盖该阶段的运行特性。对于稳定阶段间的过渡，考虑到随时间推移的过渡过程特性，通过提取变量间的非线性信息，建立过渡子模型反映过渡阶段变量相关关系的变化，最后，对不同的阶段模型给出了进一步的故障诊断方法。

10.2　数据集的相似度理论

考虑任意 2 个具有相同列数的数据矩阵 $X_1 \in R^{K_1 \times J}$ 和 $X_2 \in R^{K_2 \times J}$，其中 K_i

代表采样点个数，J 代表变量个数，X_i 为标准化处理后的数据。对 X_i 求取协方差矩阵 R_i：

$$R_i = \frac{1}{K_i - 1} X_i^T X_i \qquad (10-1)$$

另外，上述 2 个数据阵混合后的协方差矩阵 R 可以表示为

$$R = \frac{K_1 - 1}{K_1 + K_2 - 2} R_1 + \frac{K_2 - 1}{K_1 + K_2 - 2} R_2 \qquad (10-2)$$

对该协方差矩阵进行特征值分解，得到正交矩阵 P_0 满足：

$$R P_0 = P_0 \Lambda \qquad (10-3)$$

其中 Λ 为对角阵，其对角元素为 R 的特征值。通过定义转换矩阵 P，对数据集 X_i 进行转换，得到新矩阵 Y_i

$$Y_i = \sqrt{\frac{K_i - 1}{K_1 + K_2 - 2}} X_i P = \sqrt{\frac{K_i - 1}{K_1 + K_2 - 2}} X_i P_0 \Lambda^{-1/2} \qquad (10-4)$$

其中，$P = P_0 \Lambda^{-1/2}$，且 P 满足 $P^T R P = I$，则 Y_i 的协方差矩阵 S_i 可表示为：

$$S_i = \frac{1}{K_i - 1} Y_i^T Y_i = \frac{K_i - 1}{K_1 + K_2 - 2} P^T R_i P \qquad (10-5)$$

由式（10-1）和式（10-5）可知，S_i 满足：

$$S_1 + S_2 = P^T R P = I \qquad (10-6)$$

对 S_i 进行特征值分解，其第 j 个特征值 λ_i^j 与特征向量 v_i^j 满足：

$$S_i v_i^j = \lambda_i^j v_i^j \qquad (10-7)$$

利用式（10-6）和式（10-7）可以得到：

$$S_2 v_1^j = (I - S_1) v_1^j = (1 - \lambda_1^j) v_1^j \qquad (10-8)$$

即 S_1 与 S_2 具有相同的特征向量，且其对应的特征值满足如下关系：

$$\lambda_1^j = 1 - \lambda_2^j \qquad (10-9)$$

由于 S_i 的特征向量对应 Y_i 的主元方向，而 λ_i^j 对应 Y_i 第 j 个主元解释的变化信息，由式（10-8）和式（10-9）可知，Y_1 和 Y_2 的主元方向是一致的，只是主元所解释变化信息的大小顺序刚好是相反的。依据对称性，如果 X_1 和 X_2 足够相似，应有 λ_i^j 接近 0.5；相反如果 X_1 和 X_2 差异很大，则有 λ_i^j 接近 1

或 0。

据此，可定义两个数据集相似度指标 D 为：

$$D = \text{diss}(X_1, X_2) = \frac{4}{J} \sum_{j=1}^{J} (\lambda_1^j - 0.5)^2 = \frac{4}{J} \sum_{j=1}^{J} (\lambda_2^j - 0.5)^2$$

$$(10 - 10)$$

其中 λ_i^j 为 S_i 第 j 个特征值。

推论：相似度指标 D 满足如下关系：

$$0 \leqslant D \leqslant 1 \qquad\qquad (10 - 11)$$

证明：根据式（10 - 5）中 S_i 定义，协方差矩阵 S_i 必定是半正定的，其特征值满足如下关系：

$$\lambda_1^j \geqslant 0, \lambda_2^j \geqslant 0 \qquad\qquad (10 - 12)$$

又由式（10 - 9）$\lambda_1^j = 1 - \lambda_2^j$ 可推知，$0 \leqslant \lambda_1^j$，$\lambda_2^j \leqslant 1$，因此可得：

$$-0.5 \leqslant \lambda_i^j - 0.5 \leqslant 0.5, i = 1, 2 \qquad (10 - 13)$$

代入式（10 - 10）即可得证。

下面我们通过两种特殊情况对上述理论进行测试（为方便计算，不妨设 $K_1 = K_2 = K$）：

（1）当 $X_1 = X_2$ 时，可得 $R = R_1 = R_2$，由式（10 - 5）和式（10 - 6）可推知，$S_i = 0.5I$，即 S_i 的所有特征值均为 0.5，此时相似度指标 $D = 0$，得出两个数据集的距离为零。

（2）当 X_1 和 X_2 分别属于 R^n 中的两个正交子空间时，设 $X_1 = x_1 U_1^T$，$X_2 = x_2 U_2^T$，其中 $U_1 \in R^{J \times N1}$ 和 $U_2 \in R^{J \times N2}$ 是互补的正交子空间基向量，满足如下关系：

$$\begin{cases} U_i^T U_i = I_{Ni \times Ni} \\ U_1 \perp U_2 \\ N1 + N2 = J \end{cases} \qquad (10 - 14)$$

另外，$x_1 \in R^{K \times N1}$ 和 $x_2 \in R^{K \times N2}$ 为坐标阵。令 $r_i = \frac{1}{K-1} x_i^T x_i = \overline{P}_i \Lambda_i \overline{P}_i^T$，其中 Λ_i，$\overline{P}_i$ 分别为 r_i 的特征向量矩阵与特征值，则可知：

$$R_i = \frac{1}{K-1} X_i^{\mathrm{T}} X_i = U_i \overline{P}_i \Lambda_i \overline{P}_i^{\mathrm{T}} U_i^{\mathrm{T}} \qquad (10-15)$$

$$R = \frac{1}{2}(R_1 + R_2) = \frac{1}{2}(U_1 \overline{P}_1 \Lambda_1 \overline{P}_1^{\mathrm{T}} U_1^{\mathrm{T}} + U_2 \overline{P}_2 \Lambda_2 \overline{P}_2^{\mathrm{T}} U_2^{\mathrm{T}}) \quad (10-16)$$

由式（10-14）可推出：

$$R U_i \overline{P}_i = \frac{1}{2} U_i \overline{P}_i \Lambda_i \qquad (10-17)$$

因此有：

$$R \begin{bmatrix} U_1 \overline{P}_1 & U_2 \overline{P}_2 \end{bmatrix} = \frac{1}{2} \begin{bmatrix} U_1 \overline{P}_1 & U_2 \overline{P}_2 \end{bmatrix} \begin{bmatrix} \Lambda_i & 0 \\ 0 & \Lambda_i \end{bmatrix} \qquad (10-18)$$

其中，$\dfrac{1}{2} \begin{bmatrix} \Lambda_1 & 0 \\ 0 & \Lambda_2 \end{bmatrix}$ 和 $\begin{bmatrix} U_1 \overline{P}_1 & U_2 \overline{P}_2 \end{bmatrix}$ 分别为 R 的特征值矩阵和特征向量。

由式（10-4）可知：

$$P = P_0 \Lambda^{-1/2} = \begin{bmatrix} U_1 \overline{P}_1 & U_2 \overline{P}_2 \end{bmatrix} \sqrt{2} \begin{bmatrix} \Lambda_1^{-1/2} & 0 \\ 0 & \Lambda_2^{-1/2} \end{bmatrix} \qquad (10-19)$$

由式（10-5）可计算：

$$S_1 = \frac{1}{K-1} Y_1^{\mathrm{T}} Y_1 = \frac{1}{2} P^{\mathrm{T}} R_1 P$$

$$= \begin{bmatrix} \Lambda_1^{-1/2} & 0 \\ 0 & \Lambda_2^{-1/2} \end{bmatrix} \begin{bmatrix} U_1 \overline{P}_1 & U_2 \overline{P}_2 \end{bmatrix}^{\mathrm{T}} U_1 \overline{P}_1 \Lambda_1 \overline{P}_1^{\mathrm{T}} U_1^{\mathrm{T}} \begin{bmatrix} U_1 \overline{P}_1 & U_2 \overline{P}_2 \end{bmatrix} \begin{bmatrix} \Lambda_1^{-1/2} & 0 \\ 0 & \Lambda_2^{-1/2} \end{bmatrix}$$

$$= \begin{bmatrix} \Lambda_1^{-1/2} & 0 \\ 0 & \Lambda_2^{-1/2} \end{bmatrix} \begin{bmatrix} \Lambda_1 & 0 \\ 0 & 0 \end{bmatrix} \begin{bmatrix} \Lambda_1^{-1/2} & 0 \\ 0 & \Lambda_2^{-1/2} \end{bmatrix} = \begin{bmatrix} I_{N1 \times N1} & 0 \\ 0 & 0 \end{bmatrix} \qquad (10-20)$$

由此可得 S_1 的特征值 λ_1^i 为 0 或 1，因此相似度指标 $D=1$。

通过上述测试可以看出，数据集的相似度指标可以定量地描述两个数据集的差异程度。D 越大，表明两个数据集的差异程度越大，反之则越小。显然，对于跟随过程操作进程或过程机理特性变化的间歇过程而言，采用不同时刻数据集的相似度来划分阶段能够获得较好的分类效果，可以克服个别扰动较大的批次对分类结果的影响，具有更好的鲁棒性。

10.3 多阶段 KPCA – PCA 监控策略

　　针对大多数间歇过程所固有的特性，如动态非线性、多阶段性、阶段过渡特性以及批次间轨迹不同步等特点，本章提出了一种新颖的基于模糊聚类软划分的 KPCA – PCA 的间歇过程监控策略。

　　该方法以时间片数据矩阵为基本单位，通过计算这些基本单位之间的相似度指标来确定其相对于各类的隶属度，针对划分后的稳定阶段和过渡阶段特点分别建立不同的统计监控模型，主要计算量在建模时已完成，因此在线监控时只需要根据采样时刻调用相应的模型即可，这样大大减小了实时监控

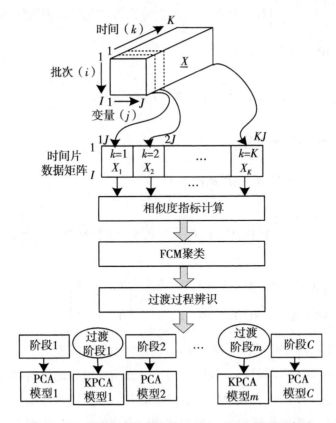

图 10 – 1　模糊聚类软划分的 KPCA – PCA 原理示意图

Fig. 10 – 1　Illustration of fuzzy clustering soft – transition KPCA – PCA algorithm

时计算的复杂度，增加了便捷性。另外，采用模糊聚类软划分算法可有效避免硬划分时在两个子类边界处造成的不合理分类问题，同时它还可以提高对过渡过程数据进行监控的灵敏度与精确度，降低漏报率。如图 10 – 1 为本章提出的监控策略原理示意图，下面将给出算法的具体描述。

10. 3. 1　基于数据相似度的间歇过程阶段划分

基于数据集的相似度理论，本节提出了一种新颖的阶段划分算法，具体步骤如下：

（1）将三维数据矩阵沿批次方向展开进行数据预处理，之后将数据矩阵沿时间轴方向切割为 K 个时间片数据矩阵 X_i（$I \times J$），$i = 1, 2, \cdots, K$，如图 10 – 1 所示。

（2）对每个 X_i 按下式计算与其他时刻数据矩阵 X_j（$j = 1, 2, \cdots, K$，且 $i \neq j$）的相似度指标：

$$D_i(k) = \mathrm{diss}(X_i, X_j) \begin{cases} k = j & j = 1, 2, \cdots, i - 1 \\ k = j - 1 & j = i + 1, \cdots, K \end{cases} \tag{10 – 21}$$

将 D_i 作为聚类的一个输入样本。需要说明一点，如果将各批次每个时刻的采样数据直接作为聚类样本输入，由于过渡过程的存在、阶段轨迹的不同步以及一些批次存在不连续的跳变点，使得阶段的划分往往不能获得令人满意的结果，甚至无法实现阶段划分。而采用本章方法对每个时刻数据矩阵的相似度指标进行聚类，可获得更合理、有效的分类结果，且对一些批次的异常扰动点具有更好的鲁棒性。

（3）采用模糊 C 均值聚类（FCM）算法进行阶段划分。依据最大隶属度原则，将过程初步划分为 C 个阶段，在每个阶段采用单变量控制图监测最大隶属度值的离群点，由于连续的离群点主要发生在阶段的开始和结束时刻，因此可据此辨识过渡阶段的开始和结束时刻。之后将去除过渡过程的每个阶段确定为相应的稳定阶段。这里，之所以能够采用单变量控制图实现对过渡阶段的辨识，是因为过程变量相关关系并非随时间时刻变化，而是跟随过程操作进程或过程机理特性的变化而变化，呈现分时段性。因此在每个稳定阶段内，时间片数据矩阵之间表现出很高的相似度；相反，在稳定阶段与相邻过渡阶段之间的数据相似度则表现出显著的不同。因此，在每个阶段开头与结尾的采样点能够很容易地被作为连续离群点而检测到。

（4）采用迭代计算法确定单变量控制限。在每次迭代中，对当前数据计算均值和方差，确定单变量监控图的控制限，之后依据控制限移除当前数据中的离群点，对更新后的数据重复上述步骤，直到控制限收敛。由于控制限的确定是基于统计方法完成的，而不是由主观经验决定的，因此过渡过程的辨识更加客观、合理。

10.3.2 稳定阶段与过渡阶段建模

在划分好稳定阶段和过渡阶段之后，对各阶段分别建立相应的监控模型。

10.3.2.1 基于改进 MPCA 方法的稳定阶段建模

基于第 2 章对 MPCA 方法的研究，采用具有时变协方差的改进 MPCA 方法对每个稳定阶段分别建立统计监控模型，步骤如下：

（1）对第 c 个稳定阶段的三维数据 X_c $(I \times J \times k_c)$，按变量方向排列成二维数据矩阵 X_c $(Ik_c \times J)$，其中 k_c 代表稳定阶段 c 包含的采样时刻；

（2）对 X_c $(Ik_c \times J)$ 建立 PCA 模型，得到负载矩阵 P_c $(J \times J)$，采用交叉验证方法确定稳定阶段 c 保留的主元个数为 R_c，由此获得主元空间的负载矩阵 $\hat{P}_c$ $(J \times R_c)$ 和主元得分矩阵 $\hat{T}_c$ $(Ik_c \times R_c)$；

（3）将矩阵 T_c 分隔为 k_c 个子矩阵 T_i^c，对每个 T_i^c 计算相应的时变协方差矩阵 Λ_i^c $(i = 1, \cdots, k_c)$；按式（2 - 12）～式（2 - 14）分别计算模型每个时刻 T^2、SPE 统计量的控制限。

10.3.2.2 基于 KPCA 方法的过渡阶段建模

基于第 3 章对 KPCA 方法的理论研究，对过渡阶段分别建立 KPCA 模型，具体步骤如下：

（1）对各过渡阶段的三维数据 X_m $(I \times J \times k_m)$，按变量方向排列成二维数据矩阵 X_m $(Ik_m \times J)$，其中 k_m 代表过渡阶段 m 包含的采样时刻；

（2）对输入样本 X_m 建立 KPCA 模型；

然而，实际计算中发现，由于建立 KPCA 模型时需要计算和存储核矩阵并对核矩阵进行特征值分解，因此当建模样本数据过大时，计算将十分耗时且需要大容量内存。本章算法中批次数据沿变量方向展开，当过渡过程比较长即样本容量 Ik_m 很大时，也存在上述问题。为此本章对输入样本采用特征采样的方法来解决该问题。该方法的主要思想是：在大多数情况下样本数据在特征空间的映射是约束在维数较低的子流形上的，而子流形可通过一组正交基来表示。

假设特征空间的正交基为 Ξ，$FS = \{fs_1, \cdots, fs_d\}$ 为构成正交基 Ξ 的输入空间的样本子集（简称样本基），则有

$$span(\phi_{FS}) \approx span(\phi_X), \mathrm{rank}(\phi_{FS}) = d \qquad (10-22)$$

考虑如下定理1：分割 $(n \times n)$ 核矩阵 K_n 为

$$K_n = \begin{bmatrix} K_{n-1} & K_{n-1,n} \\ K_{n-1,n}^T & k_{n,n} \end{bmatrix} \qquad (10-23)$$

其中 $K_{n-1} = \{k(x_i, x_j)\}$ $(i, j = 1, \cdots, n-1)$，$k_{n,n} = k(x_n, x_n)$，$K_{n-1,n} = \{k(x_i, x_n)\}$ $(i = 1, \cdots, n-1)$。假定 K_{n-1} 满秩，如果满足 $\delta = k_{n,n} - K_{n-1,n}^T K_{n-1}^{-1} K_{n-1,n} = 0$，则 K_n 降秩为 $n-1$。实际过程中，考虑到噪声的影响，设定一个很小的阈值 $\varepsilon > 0$，当 $\delta \leqslant \varepsilon$ 时，可认为 K_n 和 K_{n-1} 具有近似相同的秩。由此可得到一种实现特征采样的方法，简单总结如下：

（a）假设初始样本基包含任意一个样本，令 $d = 1$，计算相应的核矩阵 K_d；

（b）逐个检验样本，计算 δ_{d+1}，如果 $\delta_{d+1} \leqslant \varepsilon$，则该样本不加入样本基 FS；否则令 $d = d + 1$，将该样本加入 FS，并修改相应的核矩阵和核矩阵的逆；

（c）对所有样本检验后得到 d 和样本基 $FS = \{fs_1, fs_2, \cdots, fs_d\}$。其中 ε 的选取很重要，太大，$K(FS, FS)$ 不能全面反映样本在特征空间中的信息；太小，则导致过大的 d 值或使 K_d 接近奇异。由算法可知，d 与 ε 成负相关关系。因此可根据 $\varepsilon - d$ 曲线中的转折点确定 ε 的取值，如图 10-2 所示。

不过，在实际应用中，当样本数量并不影响算法运行时，可不进行特征采样，毕竟特征采样后的数据信息并不能完全等同于原数据信息。因此，在本章提出的监控策略中，我们设定阈值 η，当判断 Ik_m 大于 η 时，则对输入样本 X_m 按式（10-23）进行特征提取，对提取后的数据建立 KPCA 模型；否则直接对 X_m 建立 KPCA 模型。阈值 η 一般依据实际过程的采样时间和存储空间来决定，当 $\eta = 0$ 时表示对所有过渡过程数据都要进行特征提取。

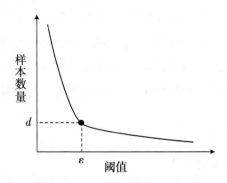

图 10 – 2　基于 $\varepsilon - d$ 曲线的特征采样阈值选择示意图

Fig. 10 – 2　Illustration of selecting appropriate threshold value and number of feature samples

（3）采用累计方差贡献率方法确定 KPCA 的主元数，获得特征空间的核矩阵及特征向量 $\hat{\boldsymbol{\alpha}}_m$ 和主元得分矩阵 $\hat{\boldsymbol{T}}_m$，计算模型每个时刻的 T^2、SPE 统计量及控制限。

10.3.3　在线监控与故障诊断

10.3.3.1　基于 KPCA – PCA 策略的新批次在线监控

在线监控的具体步骤如下：

（1）在新批次的采样时刻 k，对获得的变量数据 $\boldsymbol{x}_{\mathrm{new},k}$（$1 \times J$）采用建模数据相应时刻的均值和标准差进行标准化；

（2）根据采样时刻 k 选择相应的稳定阶段或过渡阶段模型，采用所选模型计算当前时刻 $\boldsymbol{x}_{\mathrm{new},k}$ 的 T^2 和 SPE 统计量；

（3）检查 T^2、SPE 统计量是否超出各自的控制限。若统计量出现超出其控制限的现象，则说明过程中可能出现了故障，此时结合 T^2 和 SPE 贡献图分析故障可能产生的原因，进一步排查或隔离故障。

10.3.3.2　基于贡献图方法的故障隔离

（1）稳定阶段的故障隔离

由于稳定阶段建立的是改进的 MPCA 模型，因此可直接应用第 2 章中提出的连续时变贡献图方法实现对故障的进一步隔离与诊断。

（2）过渡阶段的故障隔离

对于过渡阶段建立的 KPCA 模型，由于无法找到一个从高维的特征空间到低维输入空间的逆映射，因此传统的 PCA 贡献图方法将无法应用。为此，Cho 和 Choi 等提出了基于核函数梯度的贡献图方法用于连续过程的故障隔离与诊断。本章对该方法进行了进一步扩展研究，将该方法推广应用到间歇过程中，实现 KPCA－PCA 监控策略的过渡阶段故障隔离与诊断。另外，在实际应用中，我们发现，由于传统核函数梯度贡献图法需要对核矩阵中每一项进行求导运算，需要 $O(N^3)$ 次运算（N 为样本数量），导致运算量过大，非常耗时。为此我们对该方法进行改进，提出采用经过特征采样后的核矩阵作为求解贡献图的核矩阵，由于 $d \ll N$，因此极大地减少了运算量，可实现实时的贡献图诊断。此外，通过仿真研究也表明采用特征采样的核矩阵计算贡献图对故障的隔离与诊断不会产生影响。

由于本章提出的方法在后续的仿真及应用中主要选用二阶多项式核函数，为此，本节推导了基于二阶多项式核函数的梯度贡献图方法如下。

当过渡阶段建立 KPCA 模型时，三维数据矩阵 $\boldsymbol{X}_c$（$I \times J \times k_c$）按变量方向展开为二维矩阵 $\boldsymbol{X}_c$（$Ik_c \times J$），对 $\boldsymbol{X}_c$ 进行特征采样得到新的二维矩阵 $\boldsymbol{X}_{FS}$（$d \times J$），令 $N_c = d$，代表广义的采样样本数量。引入一个实的尺度因子 v，则二阶多项式核函数可表示为：

$$k(x_j, x_k) = k(v \cdot x_j, v \cdot x_k) = \langle v \cdot x_j, v \cdot x_k \rangle^2 \qquad (10-24)$$

其中，$v = [v_1, v_2, \cdots, v_J]^{\mathrm{T}}$ 代表尺度因子，$v_i = 1$（$i = 1, 2, \cdots, J$）。据此可定义每个过程变量对监控统计量的贡献为监控统计量相关于每个变量的梯度，即统计量对第 i 个变量的尺度因子 v_i 的偏导数，如下式所示：

$$C_{\mathrm{new},i}^{T^2} = \left| \frac{\partial T_{\mathrm{new}}^2}{\partial v_i} \right| = \left| \frac{\partial (\boldsymbol{t}_{\mathrm{new}}^{\mathrm{T}} \boldsymbol{\Lambda}^{-1} \boldsymbol{t}_{\mathrm{new}})}{\partial v_i} \right| = \left| \frac{\partial trace(\overline{\boldsymbol{K}}_{\mathrm{new}}^{\mathrm{T}} \boldsymbol{\alpha} \boldsymbol{\Lambda}^{-1} \boldsymbol{\alpha}^{\mathrm{T}} \overline{\boldsymbol{K}}_{\mathrm{new}})}{\partial v_i} \right|$$

$$= \left| trace\left[\boldsymbol{\alpha}^{\mathrm{T}} \left(\frac{\partial}{\partial v_i} \overline{\boldsymbol{K}}_{\mathrm{new}} \overline{\boldsymbol{K}}_{\mathrm{new}}^{\mathrm{T}} \right) \boldsymbol{\alpha} \boldsymbol{\Lambda}^{-1} \right] \right| \qquad (10-25)$$

其中，$C_{\mathrm{new},i}^{T^2}$ 表示新采样数据第 i 个变量对 T^2 统计量的贡献，$\overline{\boldsymbol{K}}_{\mathrm{new}}$ 表示经过均值化的新采样数据核矩阵，$\boldsymbol{\alpha}$ 与 $\boldsymbol{\Lambda}$ 分别为求解第 3 章式（3-7）得到的特征向量和主元协方差矩阵。考虑 $\varphi(x)$ 均值中心化对 SPE 统计量的影响，则

SPE 统计量的计算式如下:

$$SPE_{new} = k(x_{new},x_{new}) - \frac{2}{N}\sum_{j=1}^{Nc} k(x_j,x_{new}) + \frac{1}{N_c^2}\sum_{j=1}^{Nc}\sum_{j'=1}^{Nc} k(x_j,x_{j'}) - t_{new}^{T} t_{new}$$

$$= 1 - \frac{2}{N_c}\sum_{j=1}^{Nc} k(x_j,x_{new}) + \frac{1}{N_c^2}\sum_{j=1}^{Nc}\sum_{j'=1}^{Nc} k(x_j,x_{j'}) - t_{new}^{T} t_{new} \qquad (10-26)$$

在式（10-26）中，考虑到右边第三项本质上对评价新数据的影响没有任何贡献，因此在计算变量对 SPE 统计量贡献时将其忽略，由此可得到新采样数据第 i 个变量对 SPE 统计量的贡献，如下式:

$$C_{new,i}^{SPE} = \left| \frac{\partial SPE_{new}}{\partial v_i} \right| = \left| -\frac{2}{N_c}\frac{\partial}{\partial v_i}\sum_{j=1}^{Nc} k(x_j,x_{new}) - \frac{\partial}{\partial v_i} t_{new}^{T} t_{new} \right|$$

$$= \left| -\frac{2}{N_c}\sum_{j=1}^{Nc} \frac{\partial}{\partial v_i}k(x_j,x_{new}) - \frac{\partial}{\partial v_i}\overline{K}_{new}^{T}\boldsymbol{\alpha}\boldsymbol{\alpha}^{T}\overline{K}_{new} \right|$$

$$= \left| -\frac{2}{N_c}\sum_{j=1}^{Nc} \frac{\partial}{\partial v_i}k(x_j,x_{new}) - trace\left(\boldsymbol{\alpha}^{T}\left(\frac{\partial}{\partial v_i}\overline{K}_{new}\overline{K}_{new}^{T} \right)\boldsymbol{\alpha} \right) \right|$$

$$(10-27)$$

为计算式（10-25）和式（10-27），需要计算 $\overline{K}_{new}\overline{K}_{new}^{T}$ 的值及其导数。而 $\overline{K}_{new}$ 为均值化的新数据核矩阵，可由下式计算得到:

$$\overline{K}_{new}(n) = k(x_n,x_{new}) - \frac{1}{N_c}\sum_{j=1}^{Nc} k(x_n,x_j) - \frac{1}{N_c}\sum_{j=1}^{Nc} k(x_{new},x_j) + \frac{1}{N_c^2}\sum_{j=1}^{Nc}\sum_{j'=1}^{Nc} k(x_j,x_{j'})$$

$$= k(x_n,x_{new}) - \frac{1}{N_c}\sum_{j=1}^{Nc} k(x_{new},x_j) + A(n); \quad n = 1,2,\cdots,N_c \qquad (10-28)$$

其中，$A(n) = \frac{1}{N_c^2}\sum_{j=1}^{Nc}\sum_{j'=1}^{Nc} k(x_j,x_{j'}) - \frac{1}{N_c}\sum_{j=1}^{Nc} k(x_n,x_j)$ ，则 $\overline{K}_{new}\overline{K}_{new}^{T}$ 矩阵中的每个元素可表示为:

$$(\overline{K}_{new}\overline{K}_{new}^{T}) = k(x_n,x_{new})k(x_m,x_{new}) + A(m)k(x_n,x_{new}) + A(n)k(x_m,x_{new}) -$$

$$\frac{1}{N_c}[k(x_n,x_{new}) + k(x_m,x_{new})]\sum_{j=1}^{Nc} k(x_{new},x_j) - \frac{1}{N_c}(A(n) +$$

$$A(m))\sum_{j=1}^{Nc} k(x_{new},x_j) + \frac{1}{N_c^2}\sum_{j=1}^{Nc}\sum_{j'=1}^{Nc} k(x_{new},x_j)k(x_{new},x_{j'}) \qquad (10-29)$$

由式（10-29）可知，为获得 $(\overline{\boldsymbol{K}}_{\text{new}}\overline{\boldsymbol{K}}_{\text{new}}^{\text{T}})_{nm}$ 的导数，需要首先计算核函数的导数和两个核函数乘积的导数，由式（10-24）可计算如下：

$$\frac{\partial k(x_j, x_k)}{\partial v_i} = \frac{\partial k(v \cdot x_j, v \cdot x_k)}{\partial v_i} = 4(x_{j,i} \cdot x_{k,i})\langle x_j, x_k \rangle \big|_{v_i=1} \quad (10-30)$$

$$\frac{\partial k(x_j, x_{\text{new}})k(x_k, x_{\text{new}})}{\partial v_i} = 4\langle x_j, x_{\text{new}} \rangle \langle x_k, x_{\text{new}} \rangle [\,(x_{j,i} \cdot x_{\text{new},i})\langle x_k, x_{\text{new}} \rangle +$$
$$(x_{k,i} \cdot x_{\text{new},i})\langle x_j, x_{\text{new}} \rangle\,] \quad (10-31)$$

则由式（10-30）和式（10-31）可计算 $(\overline{\boldsymbol{K}}_{\text{new}}\overline{\boldsymbol{K}}_{\text{new}}^{\text{T}})_{nm}$ 的导数为：

$$\begin{aligned}
\frac{\partial}{\partial v_i}(\overline{\boldsymbol{K}}_{\text{new}}\overline{\boldsymbol{K}}_{\text{new}}^{\text{T}}) &= 4\{\langle x_n, x_{\text{new}} \rangle \langle x_m, x_{\text{new}} \rangle [\,(x_{n,i} \cdot x_{\text{new},i})\langle x_m, x_{\text{new}} \rangle + (x_{m,i} \cdot x_{\text{new},i})\langle x_n, x_{\text{new}} \rangle\,] \\
&\quad + A(m)(x_{n,i} \cdot x_{\text{new},i})\langle x_n, x_{\text{new}} \rangle + A(n)(x_{m,i} \cdot x_{\text{new},i})\langle x_m, x_{\text{new}} \rangle \\
&\quad - \frac{1}{N_c}\langle x_n, x_{\text{new}} \rangle \sum_{j=1}^{N_c} \langle x_j, x_{\text{new}} \rangle [\,(x_{j,i} \cdot x_{\text{new},i})\langle x_n, x_{\text{new}} \rangle + (x_{n,i} \cdot x_{\text{new},i})\langle x_j, x_{\text{new}} \rangle\,] \\
&\quad - \frac{1}{N_c}\langle x_m, x_{\text{new}} \rangle \sum_{j=1}^{N_c} \langle x_j, x_{\text{new}} \rangle [\,(x_{j,i} \cdot x_{\text{new},i})\langle x_m, x_{\text{new}} \rangle + (x_{m,i} \cdot x_{\text{new},i})\langle x_j, x_{\text{new}} \rangle\,] \\
&\quad - \frac{1}{N_c}(A(n) + A(m)) \sum_{j=1}^{N_c} (x_{j,i} \cdot x_{\text{new},i})\langle x_j, x_{\text{new}} \rangle \\
&\quad + \frac{1}{N_c^2} \sum_{j=1}^{N_c}\sum_{j'=1}^{N_c} \langle x_j, x_{\text{new}} \rangle \langle x_{j'}, x_{\text{new}} \rangle [\,(x_{j,i} \cdot x_{\text{new},i})\langle x_{j'}, x_{\text{new}} \rangle + (x_{j',i} \cdot x_{\text{new},i})\langle x_j, x_{\text{new}} \rangle\,]\}
\end{aligned}$$
$$(10-32)$$

由式（10-32）计算 $\overline{\boldsymbol{K}}_{\text{new}}\overline{\boldsymbol{K}}_{\text{new}}^{\text{T}}$ 的导数，并分别代入式（10-25）和式（10-27），并结合式（10-30）可分别求得新采样数据第 i 个变量对 T^2 和 SPE 统计量的贡献。

综上，我们推导了基于特征采样的二阶多项式核梯度贡献图法在间歇过程中的计算公式，该方法通过引入尺度因子，计算统计量对尺度因子的梯度来表征统计量相关于每个测量变量的灵敏度。因此，通过核函数梯度贡献图法我们可以实现对过渡阶段发生的故障进行进一步的隔离与诊断。

10.3.4　模型更新

当新批次结束时，判断新的批次是否为正常操作批次。若为正常批次，则将新批次按阶段进行数据划分，将划分后的数据段加入到相应阶段的模型参考数据库中。当数据库中待更新的批次达到预先设定的阈值时，对各阶段模型进行更新。更新步骤如下：

（1）为解决批次数量越来越多、更新越来越困难的问题，在更新前，需要将相应阶段数据空间中时间最久的批次移除，以维持子数据库中批次数量一定。

（2）对子数据库中的数据进行数据标准化，并保存更新后的均值和方差，以便新批次进行数据标准化。

（3）对标准化后的子数据库中的数据依据10.3.2节中的步骤，进行相应模型和控制限的更新。

最后，完整的 KPCA – PCA 监控策略流程图被描述在图10 – 3 中。

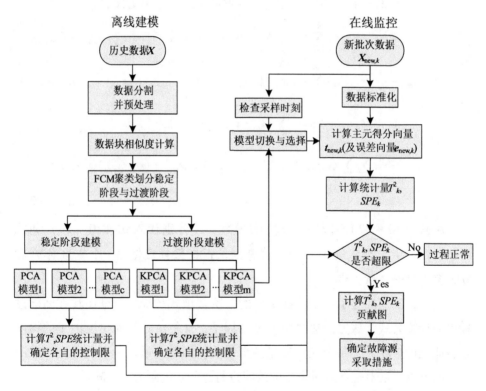

图10 – 3　基于多阶段 KPCA – PCA 模型的过程监控流程图

Fig. 10 – 3　Flow chart of multiphase KPCA – PCA algorithm

10.4　仿真验证与应用研究

10.4.1　数值实例仿真

本节采用　个简单的数值实例来表明，由于各批次的轨迹不同步以及阶段间存在过渡过程，使得过渡阶段的变量之间往往具有更强的动态非线性。

假设如下的数值过程有三个过程变量 x_1，x_2，x_3，分别按下式求取：

$$x_1 = t + e_1$$

$$x_2 = 2(t - 1.1)2 + e_2$$

$$x_3 = \begin{cases} \exp(t) + e_3 & t < 0.5 \\ 5 \times \exp(-2t) + e_3 & t \geqslant 0.5 \end{cases}$$

$$(10 - 33)$$

其中，$t \in [0.01, 2]$，e_1，e_2，e_3 为白噪声，且服从 $N(0, 0.05^2)$ 的正态分布。图 10-4 所示为 3 个过程变量在采样序列 t 定义域范围内的变化曲线。由图 10-4 可知，本例中的非线性过程可以比较明显地划分为 3 个分段近似的线性过程，且变量 x_2 在转折点（$t = 1.1$）附近具有明显的平滑过渡特性。设采样间隔为 0.01，则每个批次可生成 200×3 的数据矩阵，为模拟实际

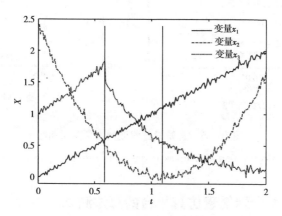

图 10-4　过程变量变化曲线图

Fig. 10-4　**Trajectories of three process variables from a batch run**

间歇过程的特性，实现各批次阶段的不等长，对 x_2 和 x_3 采用平移或伸缩等方法，使 x_2 的转折点（$t=1.1$）随机落入 1.0 到 1.2，使 x_3 的转折点（$t=0.5$）随机落入 0.4 到 0.6，共产生 20 个批次数据。对 20 个批次数据提取平均轨迹，将数值过程划分为稳定阶段（$0\sim0.4$）、（$0.6\sim1$）、（$1.2\sim2$）和过渡阶段（$0.4\sim0.6$）、（$1.0\sim1.2$）。之后对各阶段变量之间的相关关系进行分析，如图 10－5 所示。其中 x 轴（或 y 轴）代表过程变量（x_1，x_2 和 x_3）在相应阶段内的取值。从图 10－5 可知，在稳定阶段各变量之间表现出显著的线性相关性，而在过渡阶段则表现出较强的非线性关系。由此可知，采用线性 PCA 方法对过渡阶段建立统计模型显然是不合适的。

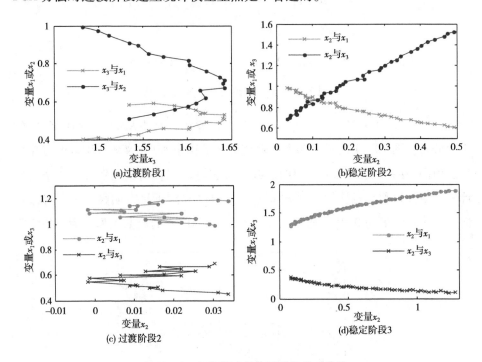

图 10－5　各阶段过程变量相关关系曲线

Fig. 10－5　Correlation of process variables in different phases and transitions

10.4.2　基于青霉素仿真平台的算法测试

在本节中我们仍然采用第 2 章中介绍的青霉素发酵仿真平台 Pensim V2.0 作为算法测试平台，对本章提出的监控策略进行全面的测试。

青霉素发酵过程每个批次的持续时间为400h，其中包括大约45h左右的菌种培养阶段（无补料阶段，当底物浓度低于$0.3g \cdot L^{-1}$时开始补料阶段）和大约355h的补料阶段，采样时间间隔为1h。仍选择过程中起重要作用且能综合表征青霉素发酵菌体生长和产物合成状况的10个过程变量来监控过程的运行，见表2-2。基于仿真平台产生的35个正常批次建立初始模型参考数据库，得到三维数据矩阵X（$35 \times 10 \times 400$），将三维数据矩阵沿批次方向进行预处理，并切割为400个时间片数据阵X_i（35×10），按式（10-21）计算相似度指标D_i作为聚类输入样本。

为表明本章基于数据相似度阶段划分算法的优势，我们同时比较了基于原始数据直接聚类的阶段划分结果。将每个批次每个时刻的数据向量作为输入样本，采用K-mean聚类算法和FCM聚类算法进行直接聚类的结果分别如图10-6（a）和（b）所示。从图10-6中可清晰地看到，分类效果并不理想，阶段2，3几乎无法进行有效划分。而如图10-7所示为采用FCM聚类算法对相似度指标D_i进行聚类的结果。显然，分类效果很理想，且与发酵过程的机理特性基本吻合，这表明在青霉素发酵过程中，过程变量相关关系并非随时间时刻变化，而是跟随过程操作进程或过程机理特性的变化呈现分阶段性。在图10-8中，Sim（k，c）表示第k个时间片数据矩阵属于第c个阶段的隶属度值，随着过程操作进程或过程机理特性的变化，Sim（k，c）将发生变化。在阶段c的中段，Sim（k，c）（$k \in c$）的值接近于1，这表明当前时刻的数据块与该阶段具有很高的相似度；而在阶段c的开始和结尾部分，Sim（k，c）（$k \in c$）的值逐渐减小，表明相邻阶段之间存在一定的过渡过程。在初步划分各子阶段之后，采用单变量控制图实现对过渡阶段的辨识，如图10-9所示。对每个阶段计算该阶段数据块的不相似度 diss = 1 - Sim（k，c）作为单变量控制图的输入，通过检测发生在阶段开始和结束时刻的连续离群点，确定过渡过程的范围。图10-10中形象地展示了相邻阶段的过渡过程特征，采用上述方法最终确定各阶段的采样区间分别为：三个稳定阶段（1~46）、（70~183）、（218~400）；两个过渡阶段（47~69）、（184~217）。之后采用10.3.2节方法对各阶段建立相应的监控模型。

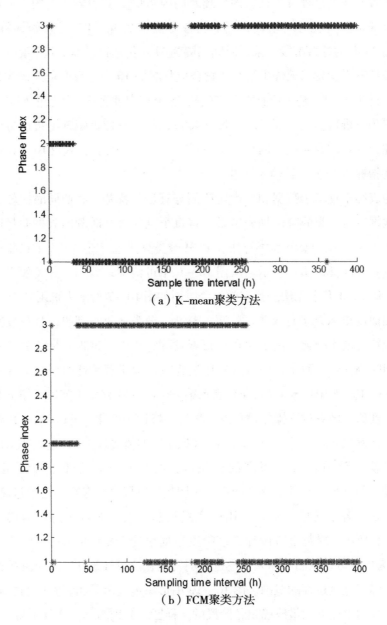

（a）K-mean聚类方法

（b）FCM聚类方法

图 10 – 6　每个采样时刻数据直接聚类结果

Fig. 10 – 6　Phase division results using original data

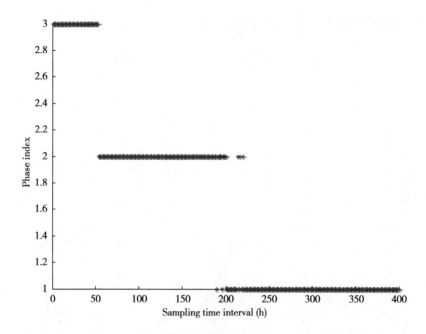

图 10 - 7 FCM 聚类结果

Fig. 10 - 7 Phase division result

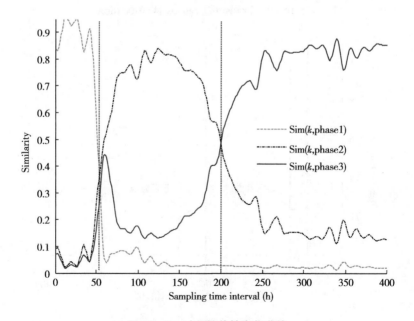

图 10 - 8 过程相关性变化曲线

Fig. 10 - 8 Process nature changing with the similarity

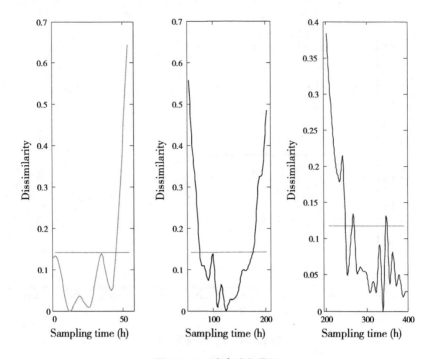

图 10 – 9　过渡过程辨识

Fig. 10 – 9　Transition ranges identification

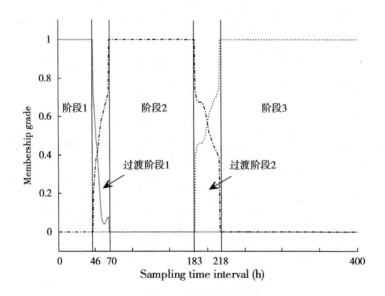

图 10 – 10　阶段划分示意图

Fig. 10 – 10　Sketch map of membership grades

　　为了充分测试本章提出方法的有效性，针对不同过程变量及故障类型生成多个故障批次进行算法测试。各类故障见表 10 - 1。其中，每类故障均产生3 个不同初始条件、不同故障幅度的故障批次，并以均值作为该类故障的最终监控结果。另外，在监测性能方面与 NM - MPCA 方法、sub - PCA 方法进行了比较，其中 NM - MPCA 方法采用填充当前值的方法对未来测量值进行估计。NM - MPCA 方法采用交叉检验方法确定主元数目为 4；sub - PCA 方法采用累计方差贡献率方法确定主元数目分别为 5，6，6；KPCA - PCA 方法中，3个稳定阶段的 PCA 建模分别采用交叉检验方法确定主元数目为 5，4，4，2 个过渡阶段的 KPCA 建模分别采用累计方差贡献率方法确定主元的数目为 12 和14。可以看出，KPCA 所选主元数目要远高于 PCA，这是由于前者从高维特征空间中提取主元，而后者从输入空间中提取主元。

表 10 - 1　仿真中用到的故障类型总结

Table 10 - 1　Summary of fault types introduced in process

故障编号	过程变量	故障类型
故障 1	底物补料速率	阶跃扰动
故障 2	搅拌功率	阶跃扰动
故障 3	通风率	阶跃扰动
故障 4	底物补料速率	斜坡扰动
故障 5	搅拌功率	斜坡扰动
故障 6	通风率	斜坡扰动

　　表 10 - 2 给出了 3 种方法的监控性能比较，可以看出，本章提出的方法对于各类故障的检测均是有效的，且在 3 种方法中误警率（Ⅰ型误差率）最低，表明本章所提方法在一定程度上可提升监控过程的可靠性。对于故障批次，本章所提方法能够在较小的漏报率（Ⅱ型误差率）下，实现故障的快速、准确检测。另外，在一些故障的检测中，NM - MPCA 方法和 sub - PCA 方法的漏报率较高。分析原因可知，对于其中的一些故障，NM - MPCA 方法和 sub - PCA 方法的 T^2 图中没有检测到任何异常，且在 SPE 图中的漏报率也明显高于本章所提方法。

表 10 – 2　采用 NM – MPCA、sub – PCA 和 KPCA – PCA 监控结果比较
Table 10 – 2　Summary of monitoring results for MPCA, sub – PCA and KPCA – PCA

工况	I 型误差率（%）			II 型误差率（%）		
	NM – MPCA	sub – PCA	KPCA – PCA	NM – MPCA	sub – PCA	KPCA – PCA
正常批次	5.81	2.52	1.87	—	—	—
故障 1	1.54	0.79	0.67	10.46	45.08	6.6
故障 2	5.71	1.43	1.67	6.97	0	0
故障 3	7.71	2.8	4.1	12.33	0.9	0.78
故障 4	3.84	1	1	22.4	40.7	12
故障 5	3.13	1.36	1	7.9	39.9	2
故障 6	3.25	0.75	0.75	51.25	44.2	4.5

图 10 – 11 给出了对故障类型 5 的批次进行监控的结果。该故障批次为搅拌功率在 47h 加入斜率为 1.2% 的斜坡扰动直到反应结束。通常来说，搅拌功率是影响溶氧的主要因素，减小搅拌功率会引起培养基中溶氧的下降，导致菌体生长速度的减慢和青霉素产率的降低。由图 10 – 11 可知，本章方法在 48h（几乎在故障发生的同时）就指示了异常情况的发生，比传统 NM – MPCA 方法和 sub – PCA 方法分别提前了大约 20h 和 14h。在 T^2 监控图中，sub – PCA 方法对故障的检测比本章方法滞后了大约 55h，而 NM – MPCA 方法的 T^2 图，未检测到任何异常情况的发生。分析可知，本次故障恰好发生在过渡阶段 1 内，由于 sub – PCA 方法严格将模式划分成不同的子阶段，割裂了相邻阶段的联系，不能很好地反映出过渡阶段的过程特性，因此，对故障的检测具有较大的滞后；而 NM – MPCA 方法将整个批次数据作为一个整体来处理，或者不能准确描述出所有阶段的特性，或者涵盖所有阶段的操作范围，控制限宽松；最终导致在某些阶段出现故障也不能及时报警，出现大量漏报情况。可见，过程过渡相关特性的变动对监控结果有较大影响，必须加以考虑。

在检测到故障后需要对故障进行隔离与诊断，图 10 – 12 为采用核函数梯度方法得到的过渡阶段 1 的统计量贡献图，T^2 和 SPE 贡献图给出了相同的诊断结果，即过程的故障是由于变量 2——搅拌功率的异常所导致。本例中在计算核函数梯度时我们采用了经过特征采样的核矩阵，图 10 – 13 给出了阈值 ε

的确定过程，显然，当 $10^{-1} \geqslant \varepsilon \geqslant 10^{-5}$ 时，可得 $d = 55$ 及相应的样本基 FS。通过测试发现，基于核函数的贡献图计算时间仅需 15 秒左右，完全能满足一般工业过程的故障诊断的实时性要求，而不经过特征提取的计算时间则需要大约 18 分钟。

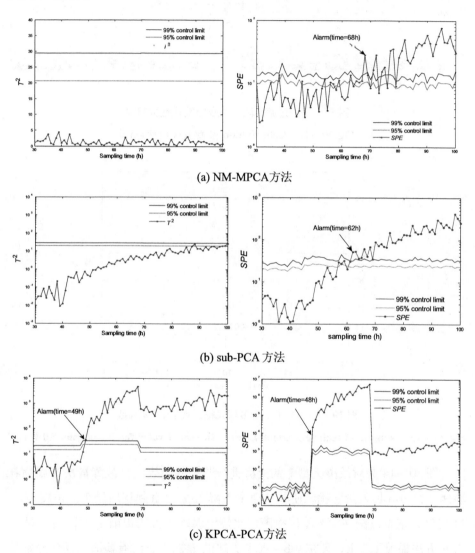

(a) NM-MPCA方法

(b) sub-PCA 方法

(c) KPCA-PCA方法

图 10 −11　采用传统 NM − MPCA、sub − PCA 和本章方法监控测试批次 1 的结果

Fig. 10 −11　Monitoring results using NM − MPCA, sub − PCA and
the proposed method for test batch 1

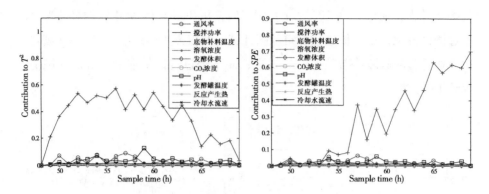

图 10 – 12　过渡阶段 1 对应的统计量贡献图

Fig. 10 – 12　Contribution plots in transition 1

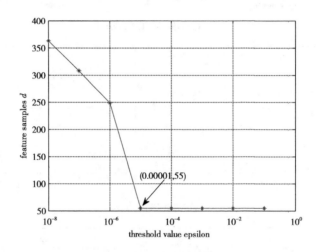

图 10 – 13　基于二阶多项式核函数的 $\varepsilon - d$ 曲线

Fig. 10 – 13　Number of feature samples d versus threshold value for the polynomial kernel

图 10 – 14 为对故障类型 1 的批次进行监控的结果。该故障批次为底物补料速率在 70h 加入阶跃扰动使补料速率下降 15%，直到反应结束。由图 10 – 14 可知，本章方法在 78h 检出故障，比传统 MPCA 方法提前了 37h，比 sub – PCA 方法提前了 27h。且在 sub – PCA 方法的 T^2 图中，没有检测到任何异常发生。此外，在发酵开始阶段，NM – MPCA 方法仍然存在较多的误报警现象。以上两个仿真实例表明基于 KPCA – PCA 的多阶段监控模型在准确度和鲁棒性方面均优于传统 NM – MPCA 方法和基于阶段硬划分的 sub – PCA 方法。

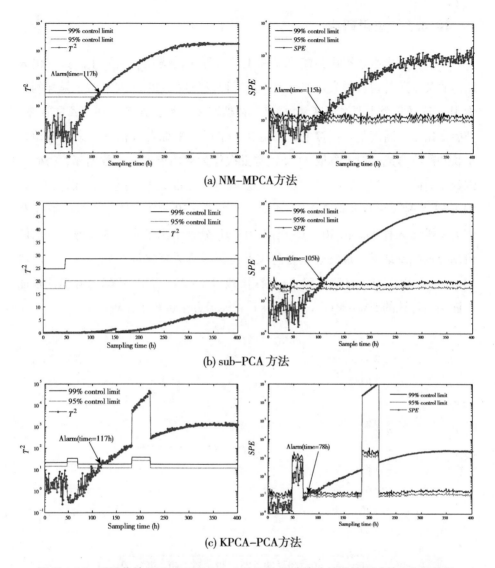

(a) NM–MPCA方法

(b) sub–PCA方法

(c) KPCA–PCA方法

图 10 – 14　采用传统 NM – MPCA、sub – PCA 和本章方法监控测试批次 2 的结果

Fig. 10 – 14　Monitoring results using NM – MPCA, sub – PCA and the proposed method for test batch 2

　　综上所述，本章提出的方法能较好地揭示过程变量相关关系的变化，客观反映各阶段及过渡过程的特征多样性，有效地减少了系统的误损率和漏报率。

10.4.3　应用研究

本节将给出本章提出策略在实际生产过程中的应用，实际生产过程仍采用河北某制药公司青霉素发酵过程。该过程发酵周期在 212h 左右，采样间隔为 4h，选择 9 个主要过程变量（pH、补糖速率、补氨速率、补苯乙酸速率、补硫铵速率、通气量、搅拌电流、温度、体积）来综合表征青霉素发酵菌体生长和产物合成状况。选取 24 个正常批次作为初始模型参考数据库，得到三维数据矩阵 X（$24 \times 9 \times 53$）。将三维数据矩阵沿批次方向进行标准化，并切割为 53 个时间片数据矩阵 X_i（24×9），按式（$10-21$）计算相似度指标 D_i 作为聚类输入样本。图 $10-15$ 至图 $10-18$ 分别给出了青霉素发酵过程的阶段划分过程及结果，最终确定各阶段及过渡过程采样区间分别为：稳定阶段（$1 \sim 5$）、（$10 \sim 20$）、（$27 \sim 53$），过渡阶段（$6 \sim 9$）、（$21 \sim 26$）。在监测性能方面仍与传统的 NM - MPCA 方法、sub - PCA 方法进行了比较。

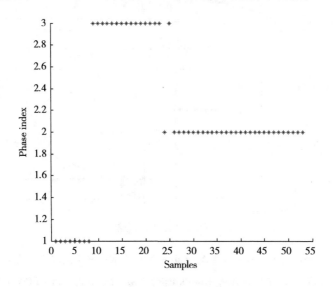

图 10 - 15　FCM 聚类结果

Fig. 10 - 15　Phase division result

图 $10-19$ 为对正常罐批 185 进行监控的结果。由图可知，NM - MPCA 方法和 sub - PCA 方法的 SPE 统计量的误报率分别为 9.4% 和 5.5%，明显偏离了控制限设定值 1%，此外，由于存在连续的误报警很可能误导操作员做出错

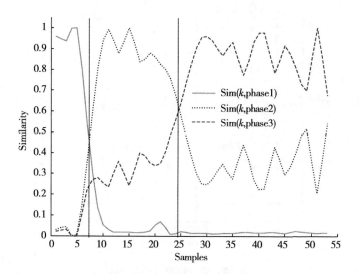

图 10 – 16　过程相关性变化曲线

Fig. 10 – 16　Process nature changing with the similarity

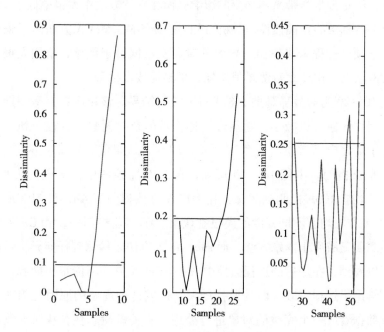

图 10 – 17　过渡过程辨识

Fig. 10 – 17　Transition ranges identification

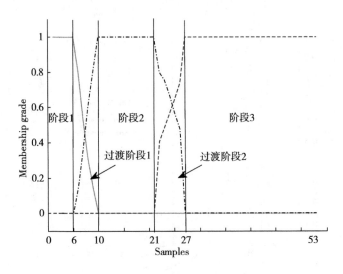

图 10 – 18　阶段划分示意图

Fig. 10 – 18　Sketch map of membership grades

误判断，给正常生产带来不必要的影响；而在本章方法中误报率低于 1%，实现了对 185 批次的正确监控。分析可知，传统 NM – MPCA 方法由于采用当前采样值来预测过程未来输出，导致其对异常数据过于敏感，增加误报率。尤其在发酵前期，由于多数测量值未知，更易导致误报警。

　　图 10 – 20 为对故障罐批 198 进行监控的结果。该批次在发酵中期，由于机械原因导致通气量减小，随后经过操作员的及时调整，过程回到了正常工况。由于最终产品效价符合生产要求，因此若从最终产品质量的角度考虑，该批次是合格的。由图 10 – 20 可知，在 SPE 监控图中，本章方法和 sub – PCA 方法均在 100h 检测到故障，比 MPCA 方法提前了 4h，且 MPCA 方法和 sub – PCA 方法均有不同程度的误报警现象。在 T^2 监控图中，MPCA 方法对故障的检测明显滞后于本章方法，而 sub – PCA 方法未检测到任何异常情况。此外，可以看到，在随后的过程监控中 NM – MPCA 方法不能很快摆脱该故障的影响，给出了过程持续故障的监控结果。造成这种现象的原因是 MPCA 方法将批次数据看成一个完整的对象进行处理，不具备遗忘性，从而导致过程前期的异常工况可能会对后续的监控结果产生较大影响。这就类似 PDI 控制器中的积分作用太强而造成过程超调一样，如果操作员此时盲目地按照 NM – MPCA 给出的监控结果调整生产，势必会造成过程的不稳定。而本章方法则

能够快速识别过程异常工况，客观反映在故障发生后操作人员为消除故障所做出的努力，准确反映最终产品的质量情况，避免发生误报警。当检测到故障后，需要对故障进行进一步定位与诊断，如图 10 – 21 中给出了本章提出方法在稳定阶段 3 的变量贡献图，从 T^2 和 SPE 贡献图可以得到基本相同的诊断结果，即发现过程故障的主要原因是由通气量的异常所导致。

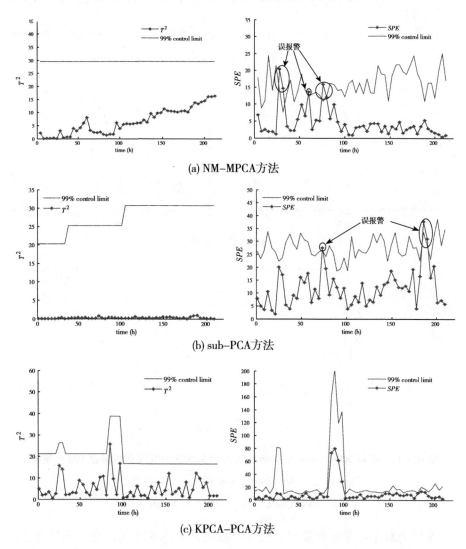

(a) NM–MPCA方法

(b) sub–PCA方法

(c) KPCA–PCA方法

图 10 – 19　采用 NM – MPCA、sub – PCA 和 KPCA – PCA 监控罐批 185 的结果

Fig. 10 – 19　Monitoring results for NM – MPCA，sub – PCA and KPCA – PCA in batch 185

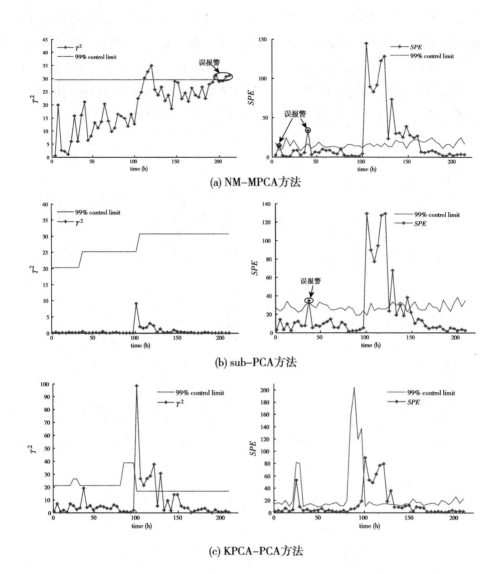

(a) NM-MPCA方法

(b) sub-PCA方法

(c) KPCA-PCA方法

图 10-20   采用 NM-MPCA、sub-PCA 和 KPCA-PCA 监控罐批 198 的结果

Fig. 10-20   Monitoring results for NM-MPCA,

sub-PCA and KPCA-PCA in batch 198

从以上对工业青霉素发酵过程生产数据的实际应用可看出，本章方法可实现对发酵过程的正确监控，便于操作人员采取相应措施，减少不合格批次出现的频率；同时该方法可降低过程的误报率，提高过程的生产率。

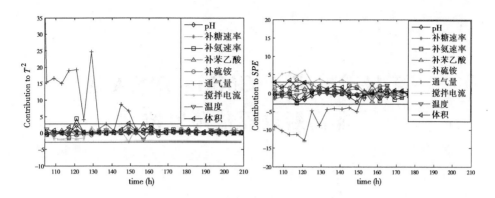

图 10 – 21　稳定阶段 3 对应的统计量贡献图

Fig. 10 – 21　Contribution plots in steady phase 3

10.5　本章小结

本章首先分析了大多数间歇过程普遍具有的一些固有特性，如多阶段性、批次轨迹不同步、过渡过程的动态非线性等，这些特性往往不能孤立地来考虑。之后讨论了基于单一模型的传统 MPCA 方法、MKPCA 方法在多阶段过程监控中存在的一些无法克服的问题。在此基础上，本章提出一种全新的多阶段软过渡 KPCA – PCA 的过程监控策略。旨在克服相邻子类边界数据划分的不合理性及过渡过程的动态非线性等问题，改善监控的可靠性和灵敏度。当过程从一个操作阶段过渡到另一个操作阶段时，可有效降低过程监控的漏报率或误报率。通过青霉素发酵仿真及实际工业生产过程的应用表明该策略能更好地揭示过程的运行状况和变化规律，对于解决多阶段间歇过程的故障监控问题，具有一定的实用价值。

第 11 章　基于 GMM – DPCA 的
非高斯过程故障监控

11.1　引　言

传统的 PCA、PLS 等方法从过程观测数据中提取统计相关主元，构造各种信息统计量对过程进行监控。严格地说，PCA 算法本身并没有对数据的统计分布提出任何假设，它作为一种消除数据之间线性相关性的算法适合于任何多维数据集。然而在实际应用中，为了获得相关统计量的分布情况，通常要求数据的分布必须满足一定的条件。如当 PCA 模型的得分向量 t 满足多元正态（高斯）分布时，可以推导出统计量 T^2 和 SPE 的控制限分别近似满足 F 分布和加权 χ^2 分布。而当 t 不满足该假设时，则上述统计量不能对过程数据的真实分布做出准确描述。Bagajewicz 曾指出，化工过程中的温度等可直接测量变量，在过程处于稳态时仪表测得的数据基本满足正态分布，而对于浓度等间接测量变量，仪表需根据一定的非线性关系间接获得变量的测量值，数据通常不满足正态分布。因此，PCA 算法获得的主元得分向量 t 不满足正态分布的情况比较普遍，此时若仍按式（2 – 12）和式（2 – 14）确定统计量控制限用于过程监控则会增加误报和漏报的概率，降低监控系统的可靠性。

针对以上问题，目前常用的解决方法，一种是采用多维概率密度估计来得到数据或潜隐变量的分布情况，但这种方法仅适用于低维的情况（通常为两维）。当数据维数增加时，多维概率密度估计便会遇到所谓的"维数灾难"问题，即要达到一定的概率密度估计精度所需的样本容量会随着维数的增加而急剧膨胀。另一种方法是采用独立元分析（ICA）实现过程监控。该方法利用信号的高阶统计信息，将混合信号分解成相互独立的非高斯元。由于各非高斯元满足独立性要求，概率密度等于各独立元概率密度之积，所以避免了高维概率密度估计问题。不过，相比 PCA 方法，ICA 方法计算复杂度高、效率较低；另外，ICA 快速算法需要事先给定提取的非高斯元个数，且在求解过程中过分依赖于初始解的选择，不能保证解的全局最优性。

此外，多向 PCA 方法假定整个批次数据来自单一操作模态，过程数据近似服从多元高斯分布。而实际工业中，对于大多数间歇过程，多操作阶段是其固有特性，过程变量相关关系跟随阶段的不同而发生改变，操作条件的改变如进料速率切换、温度诱导、压力调整等可能导致过程在不同阶段具有不同的动态特性。也就是说，对于多阶段间歇过程而言，正常生产数据的均值和方差都会发生较大改变，多元高斯分布的假设常常很难满足；不过研究表明在某一单独、稳定的操作阶段下，测量数据子集仍能够近似服从正态分布，即多操作阶段过程数据可通过高斯混合模型（Gaussian Mixture Model，GMM）来描述。基于此，我们引入高斯混合模型（GMM）来估计数据模式，它假设数据集是由一个潜在的混合概率分布产生的，由于每个模式对应着一个高斯分量，因此每个模式中数据仍近似服从不同的高斯分布，由此可以利用更易于实现、复杂度更低的 PCA 方法求取新数据的 SPE 和 T^2 统计量，进而实现故障的检测。显然，针对间歇过程的多阶段、非高斯分布等问题，采用结合 GMM 和 PCA 的监控策略，不失为一种合理而有效的解决方案。

综上所述，对多操作阶段的间歇过程进行有效监控的关键在于如何界定不同工况的阶段区域，而 GMM 能有效地描述多阶段、多工况的数据分布。因此，本章提出一种基于 GMM – DPCA 的多阶段间歇过程故障监控策略。首先利用 GMM 对过程数据进行聚类，获取工况和阶段分布特性；之后针对各批次阶段划分后存在的不同步问题，采用动态时间错位（Dynamic Time Warping，DTW）方法对各阶段进行轨迹同步，对同步后的子阶段建立动态 PCA 模型。

11.2 高斯混合模型（GMM）理论

GMM 模型被广泛用于描述存在不同统计分量的样本群体，它假设数据集是由一个潜在的混合概率分布产生的，而每个高斯分量表示一个不同的聚类，它作为一种统计聚类方法，已被成功应用于连续过程监控中。

GMM 基本原理如下：

$$p(x \mid \theta) = \sum_{i=1}^{M} P_i \cdot p(x \mid \theta_i) \qquad (11-1)$$

其中，$p(x \mid \theta_i)$ 是第 i 个混合高斯分量的概率密度函数，θ_i 是它的参数，P_i 表示第 i 个高斯分量的先验概率，满足 $\sum_{i=1}^{M} P_i = 1 (0 \leqslant P_i \leqslant 1)$，$M$ 是 GMM 中高斯分量的数目。对于高斯混合分布，第 i 个高斯分量的多元高斯密度函数 $p(x \mid \theta_i)$ 可表示为：

$$p(x \mid \theta_i) = \frac{1}{(2\pi)^{m/2} |\Sigma_i|^{1/2}} \exp\left[-\frac{1}{2} (x - \mu_i)^{\mathrm{T}} \Sigma_i^{-1} (x - \mu_i) \right]$$

$$(11-2)$$

则 x 属于第 i 个高斯分量的后验概率为：

$$p(\theta_i \mid x) = \frac{P_i \cdot p(x \mid \theta_i)}{\sum_{c=1}^{M} P_c \cdot p(x \mid \theta_c)} \qquad (11-3)$$

$\theta_i \{\mu_i, \Sigma_i\}$ 为 i 个高斯分量的参数集，即均值向量 μ_i 和协方差矩阵 Σ_i。建立 GMM 的过程就是估计参数 $\{P_i, \mu_i, \Sigma_i\}$。采用期望最大（EM）算法来估计参数，该算法通过给定训练数据和初始值，不断重复 E-step 和 M-step 直到对数似然函数收敛到一定阈值。给定训练数据集 $\{x_1, x_2, \cdots, x_n\}$ 和初始值 $\{P_i^0, \mu_i^0, \Sigma_i\}$，E-step 和 M-step 的迭代按下列步骤进行：

E-step：

$$p^{(s)}(\theta_i \mid x_j) = \frac{P_i^{(s)} \cdot p(x_j \mid \mu_i^{(s)}, \Sigma_i^{(s)})}{\sum_{k=1}^{K} P_k^{(s)} \cdot p(x_j \mid \mu_k^{(s)}, \Sigma_k^{(s)})} \qquad (11-4)$$

其中，$p^{(s)}(\theta_i \mid x_j)$ 表示第 s 次迭代后第 j 个训练样本属于第 i 个高斯分量的后验概率。

M-step：

$$\mu_i^{(s+1)} = \frac{\sum_{j=1}^{n} P^{(s)}(\theta_i \mid x_j) x_j}{\sum_{j=1}^{n} P^{(s)}(\theta_i \mid x_j)} \qquad (11-5)$$

$$\boldsymbol{\Sigma}_i^{(s+1)} = \frac{\sum_{j=1}^{n} P^{(s)}(\boldsymbol{\theta}_i \mid \boldsymbol{x}_j)(\boldsymbol{x}_j - \boldsymbol{\mu}_i^{(s+1)})(\boldsymbol{x}_j - \boldsymbol{\mu}_i^{(s+1)})^{\mathrm{T}}}{\sum_{j=1}^{n} P^{(s)}(\boldsymbol{\theta}_i \mid \boldsymbol{x}_j)} \qquad (11-6)$$

$$\boldsymbol{P}_i^{(s+1)} = \frac{\sum_{j=1}^{n} P^{(s)}(\boldsymbol{\theta}_i \mid \boldsymbol{x}_j)}{n} \qquad (11-7)$$

其中，$\boldsymbol{\mu}_i^{(s+1)}$，$\boldsymbol{\Sigma}_i^{(s+1)}$ 和 $\boldsymbol{P}_i^{(s+1)}$ 分别表示第 $(s+1)$ 次迭代后，第 i 个高斯分量的均值、协方差和先验概率。但是，基本 EM 算法的局限在于高斯分量的数目必须事先人为给定，且不能在参数估计过程中自动调整。为克服这一缺点，我们引入了 F–J 算法，该算法由 Figueiredo 和 Jain 提出，是一种改进的 EM 算法，它通过调整各高斯分量的权重来自适应地调整分量数目，因此无需事先给定高斯分量的数目。另外，初始值的给定比较重要，在实际应用中结合实际间歇过程的先验知识确定。

11.3 基于 GMM – DPCA 的故障监控策略

图 11 –1 所示为本章提出的监控策略原理示意图，具体过程描述如下。

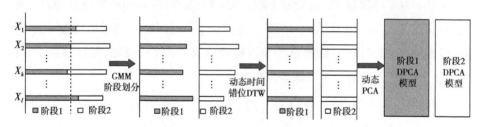

图 11 –1 多阶段 GMM – DPCA 监控策略的原理示意图

Fig. 11 – 1 Illustration of multi – phase GMM – DPCA strategy

11.3.1 基于 GMM 的间歇过程子阶段划分

对间歇发酵过程，其建模数据为三维数据矩阵 $\boldsymbol{X}$（$I \times J \times K$），其中 I 为批次数，J 为变量数，K 为采样点数。将其沿变量方向展开，得到二维矩阵 $\boldsymbol{X}_1$（$IK \times J$），将该二维矩阵进行数据预处理，之后作为输入样本建立 GMM 模型，模型的阶为阶段数，各个高斯分量对应各个阶段的部分特性。对于第 k 个采样时刻的第 i 个样本 $x_{i,k}$，它所属的类（阶段）定义为：

$$x_{i,k} \in \theta_j \mid \{p(\theta_j \mid x_{i,k}) = \max_{1 \leqslant c \leqslant M} \{(p(\theta_c \mid x_{i,k}))\}\} \qquad (11-8)$$

11.3.2　基于 DTW 的轨迹同步

由于实际间歇工业过程的复杂性，使得同一间歇过程的各批次之间不可能达到完全的重复性生产，因此过程数据的长度也不可能完全相同。对于多阶段间歇过程，批次轨迹不同步即数据不等长问题则显得更为复杂，由于不同步现象常常发生在某几个特定阶段或所有阶段中。DTW 算法是一种解决间歇生产过程中多元轨迹同步化问题的较为有效的方法。本章在前述子阶段划分的基础上，针对各阶段数据不同步的特点，应用 DTW 算法通过适当的平移、拉伸和压缩，达到轨迹同步的目的，为建立子阶段动态监控模型奠定基础。

11.3.2.1　DTW 的基本原理

DTW 是一种基于动态规划理论提出的灵活、定常的模式匹配方案，可分为对称和非对称式两类。本章采用非对称 DTW，其原理如下：

设 T（$t \times J$）和 R（$r \times J$）为两条多元轨迹，分别代表测试批次和参考批次，t 和 r 为采样次数，J 为变量个数。设 i 和 j 分别为 T 和 R 轨迹上的关于时间的坐标，$1 \leqslant i \leqslant t$，$1 \leqslant j \leqslant r$。DTW 就是将以 i 为时间坐标变量的轨迹 T（$t \times J$）投影到以 j 为时间坐标变量的参考轨迹 R（$r \times J$）上得出最优路径 $F*$，使得在 T 和 R 之间的标准总体距离最短。

$$F* = \{c(1), c(2), \cdots, c(k), \cdots, c(r)\} \qquad (11-9)$$

其中 $c(k) = [i(k)\ j(k)]$，$1 \leqslant k \leqslant r$。设 $D(t, r)$ 为两轨迹间的标准总体距离，$d(i,j)$ 为两轨迹间带权的局部距离，则：

$$d(i,j) = \sum_{c=1}^{J} \{\omega_c \cdot [R(j,c) - T(i,c)]^2\} \qquad (11-10)$$

$$D(t,r) = \sum_{p=1}^{r} d(i,j) \cdot w(p) / \sum_{p=1}^{r} w(p) \qquad (11-11)$$

其中 ω_c 为各个变量的权值，反映各被测变量的相对重要性，$w(p)$ 为权重系数，本章中均取为 1。采用动态规划算法可求解最优路径问题。设 D_A

(i, j) 为从 $(1, 1)$ 出发到 (i, j) 的最短累计距离,则最优路径为:

$$F^* = \underset{F}{\text{argmin}}\big[\boldsymbol{D}_A(t,r)\big] \tag{11 - 12}$$

应用 Itakura 提出的局部约束可以得到如下的递推式:

$$\boldsymbol{D}_A(i,j) = \min\begin{cases}\boldsymbol{D}_A(i-1,j) + \boldsymbol{d}(i,j)\,\text{or}[\,\infty\,,\text{条件 A}^*\,] \\[6pt] \boldsymbol{D}_A(i-1,j-1) + \boldsymbol{d}(i,j) \\[6pt] \boldsymbol{D}_A(i-1,j-2) + \boldsymbol{d}(i,j)\end{cases} \tag{11 - 13}$$

式中 $\boldsymbol{D}_A(1, 1) = \boldsymbol{d}(1, 1)$,条件 A*指的是 $(i-1, j)$ 的前导节点是 $(i-2, j)$。

11.3.2.2 DTW 的在线应用

当在线监测新批次时,由于当前时刻到批次结束时刻数据未知,无法获得完整批次轨迹,因此上述离线 DTW 算法不能直接应用。为此,采用一种改进 DTW 算法,实现 DTW 的在线应用。改进的在线 DTW 实际上是对离线 DTW 的一种扩展,离线 DTW 采用的是回溯获取最优路径的方法,而在线 DTW 则是一种贪婪的前向搜索策略,它的搜索空间和局部约束与离线 DTW 完全相同,唯一的不同就是用式 (11 - 14) 代替式 (11 - 13):

$$\boldsymbol{D}_A(i+1,j^*) = \min\begin{cases}\boldsymbol{D}_A(i,j) + \boldsymbol{d}(i+1,j)\,\text{or}[\,\infty\,,\text{条件 B}^*\,] & j^* = j \\[6pt] \boldsymbol{D}_A(i,j) + \boldsymbol{d}(i+1,j+1) & j^* = j+1 \\[6pt] \boldsymbol{D}_A(i,j) + \boldsymbol{d}(i+1,j+2) & j^* = j+2\end{cases}$$

$$\tag{11 - 14}$$

其中,初始条件 $\boldsymbol{D}_A(1, 1) = \boldsymbol{d}(1; 1)$,条件 B*指的是 j^* 的前导节点是 j。

11.3.3 基于动态 PCA 建立阶段模型

传统 PCA 方法在建模过程中,未考虑变量沿时间方向的动态特性,即假设过程变量是统计独立的,忽略了过程变量沿时间轴方向的相关性,容易造成较高的误报率和漏报率。此外,当 PCA 用于间歇过程监控时,估计的测量变量未来轨迹将引入预测误差,尤其在批次开始阶段,由于大多数测量值是未知的，因此表现出较差的监控性能。为解决以上问题，Ku 等首次提出了基于时滞数据的动态 PCA 的主体框架，之后 Chen 等和 Camacho 等发展了动态 PCA/PLS 方法，并将其应用于间歇过程监控。

DPCA 方法通过增广时间序列变量来扩大数据矩阵，将变量自相关特性纳入相应的增广矩阵中，以消除过程动态性对监控性能的影响。另外，DPCA 用于间歇过程时，不需要对测量变量未来轨迹进行估计。本章中采用 DPCA 方法对发酵过程的数据矩阵建立监控模型。如图 11 - 2 所示，首先对模型参考数据库中的每一个批次数据采用时滞窗将其扩展为二维数据矩阵如下：

$$X_d^i = \begin{bmatrix} (x^i(d+1))^T & (x^i(d))^T & \cdots & (x^i(1))^T \\ (x^i(d+2))^T & (x^i(d+1))^T & \cdots & (x^i(2))^T \\ & \vdots & \vdots & \ddots \\ (x^i(K))^T & (x^i(K-1))^T & \cdots & (x^i(K-d))^T \end{bmatrix}$$

$$(11-15)$$

其中 $x(k) = [x_{1,k}, x_{2,k}, \cdots, x_{J,k}]^T$ 表示在采样时刻 k，包含 J 个过程变量的观测向量；K 表示批次长度；d 为时滞阶次；i 代表第 i 个批次。时滞阶次 d 的确定比较重要，选取一个合适的 d 值能更好地提取过程变量的动态特性，本章中采用文献给出的平行分析法确定时滞阶次 d 的值，归纳该方法的主要步骤为：①首先处理 $d=0$ 的静态情况，数据矩阵中静态关系数等于变

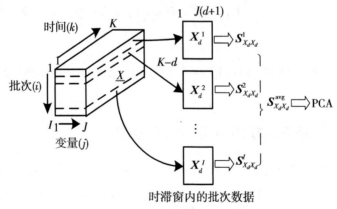

图 11 - 2　DPCA 算法框图

Fig. 11 - 2　The building scheme of DPCA model

量数与主元个数之差；②令 $d=1$，计算新的动态关系数，其等于变量数减去主元个数和第一步计算出的静态关系数；③再依次令 d 逐渐增加，按如下递推公式计算新的关系数 $r_{new}(d)$：

$$r_{new}(d) = r(d) - \sum_{i=0}^{d-1}(d-i+1)r_{new}(i) \qquad (11-16)$$

其中，$r(d)$ 表示时滞阶次为 d 时的静态关系数。直到 $r_{new}(d) \leqslant 0$，即没有新的静态和动态关系为止。

之后，按下式计算对应第 i 个批次的扩展增广矩阵 $\boldsymbol{X}_d^i$ 的协方差矩阵：

$$\boldsymbol{S}_{X_d X_d}^i = (\boldsymbol{X}_d^i)^{\mathrm{T}}(\boldsymbol{X}_d^i)/(K-d-1) \qquad (11-17)$$

对所有模型参考数据库中 I 个正常批次按下式求取平均协方差矩阵：

$$\boldsymbol{S}_{X_d X_d}^{avg} = \frac{K-d-1}{I(K-d)}\sum_{i=1}^{I}\boldsymbol{S}_{X_d X_d}^i \qquad (11-18)$$

最后，对获得的平均协方差矩阵 $\boldsymbol{S}_{X_d X_d}^{avg}$ 求解特征值问题，建立 DPCA 统计模型。

与传统 PCA 相同，DPCA 也采用 T^2 和平方预报误差（SPE）统计量，实现过程监控。假定预报误差服从正态分布，则 SPE 控制限服从加权 χ^2 分布。SPE 统计量可按下式计算：

$$E^i(k) = \boldsymbol{X}^i(k)(\boldsymbol{I}-\boldsymbol{P}_l\boldsymbol{P}_l^{\mathrm{T}}) = [e^i(k)^{\mathrm{T}}e^i(k-1)^{\mathrm{T}}\cdots e^i(k-d)^{\mathrm{T}}]$$

$$SPE_k^i = (e^i(k))T(e^i(k)) = \sum_{j=1}^{J}(e_{jk}^i)^2 \sim (v_k/2m_k)\chi_{2m_k^2/v_k}^2$$

$$(11-19)$$

其中 SPE_k^i 表示第 i 个批次第 k 时刻的 SPE 值，$\boldsymbol{X}^i(k) = [x^i(k)^{\mathrm{T}}x^i(k-1)^{\mathrm{T}}\cdots x^i(k-d)^{\mathrm{T}}]$ 是广义过程向量，$\boldsymbol{P}_l$ 为保留前 l 个主元对应的负荷向量，m_k、v_k 分别是正常工况下参考模型每个时刻 SPE_k 的估计均值和方差。在 DPCA 方法中，T^2 统计量定义为：

$$T_k^2 = \boldsymbol{X}^i(k)^{\mathrm{T}}\boldsymbol{P}_l\boldsymbol{\Lambda}^{-1}\boldsymbol{P}_l^{\mathrm{T}}\boldsymbol{X}^i(k) \sim \frac{l[(K-d)^2-1]}{(K-d)(K-d-l)}F_{l,K-d-l,\alpha}$$

$$(11-20)$$

其中，$\boldsymbol{\Lambda}^{-1}$ 为模型保留 l 个主元的方差构成的对角阵的逆阵。

11.4 基于 GMM – DPCA 监控策略的离线建模和新批次监控

11.4.1 离线建模

采用在正常操作条件下获得的批次数据建立模型参考数据库，利用此数据库建立多阶段 GMM – DPCA 统计模型，步骤如下：

Step1：在模型参考数据库中选取一个典型的有代表性的批次作为参考轨迹；

Step2：将三维数据矩阵 X（$I \times J \times K$），按变量方向展开成二维数据矩阵 X（$IK \times J$），沿变量方向进行数据预处理，之后采用 GMM 分类算法进行子阶段划分，得到各批次各阶段数据，存储各阶段所有批次的最长和最短持续时间赋给变量 L_{min}^{c} 和 L_{max}^{c}，其中 c 表示阶段数；

Step3：对各批次的不等长子阶段，应用离线 DTW 算法对该阶段的参考轨迹与其他 $I - 1$ 个批次进行轨迹同步；对同步后的各阶段原始数据重新沿批次方向进行数据预处理，建立 DPCA 模型，按式（5 – 19）~式（5 – 20）分别计算各子模型每个时刻的 T^2、SPE 统计量的控制限。

11.4.2 新批次监控

当对新批次进行监控时，由于批次轨迹不同步，不能简单地按照采样时刻进行阶段划分，因此模型的选择，抑或是怎样区分异常情况发生还是过程阶段的改变都是需要解决的重要问题。通过深入分析可知，在过程监控中，可能有三种情况发生：过程正常、过程异常、阶段变更。

（1）对于过程正常的情况，在当前阶段模型下，统计量应保持在控制限之下；

（2）对于阶段变更的情况，在当前阶段模型下，统计量可能发生重要的偏离，但在下一阶段模型下，将没有异常情况发生；

（3）对于过程异常的情况，在当前阶段模型和下一阶段模型下，均会有异常情况发生。

据此，我们总结并给出了新批次在线监控的如下步骤：

Step1：在新批次的采样时刻 k，判断 k 在当前阶段 c 中是否属于 $\left[L_{\min}^{c},L_{\max}^{c}\right]$ 区间，若属于，转 Step4；否则转 Step2。

Step2：若当前时刻属于 $\left[1,L_{\min}^{c}\right]$ 区间，则当前时刻数据仍属于当前阶段 c；若当前时刻大于 $L_{\max}^{c}$，当前时刻已进入下一阶段 $c+1$，将 $c+1$ 标记为当前阶段；

Step3：采用在线 DTW 对当前数据与相应阶段参考轨迹进行同步，对当前时刻采集到的变量数据 $x_{\mathrm{new},k}$（$1\times J$）采用相应时刻的均值和方差进行标准化；从当前时刻回溯 d 个时刻的数据组成时滞矩阵，选择相应的子 DPCA 模型计算 T^{2}、SPE 统计量，并检查它们是否超出各自的控制限，判断是否有故障发生，若没有，转 Step6；否则转 Step 4；

Step4：对当前时刻采样数据 $x_{\mathrm{new},k}$ 采用当前阶段 c 的模型进行数据标准化并计算相应的统计量，判断是否有超出控制限的情况发生，若没有，转 Step6；否则，转 Step5；

Step5：对当前数据 $x_{\mathrm{new},k}$ 采用下一阶段 $c+1$ 的模型进行数据标准化和计算相应的统计量，判断是否有超出控制限的情况发生，若没有，表明过程正常，当前时刻已进入下一阶段 $c+1$，将 $c+1$ 标记为当前阶段；否则，表明过程有异常情况发生，应采取相应措施；

Step6：重复 Step1～Step6，直到新批次的发酵过程结束。

11.5　应用研究

11.5.1　大肠杆菌制备白介素 -2 的间歇发酵过程描述

本节给出本章方法在北京亦庄某生物制药公司基因重组大肠杆菌外源蛋白表达制备白介素 -2 的发酵过程监测中的应用。如图 11 -3 所示，为大肠杆菌发酵过程原理示意图，其中控制器通过蠕动泵调节补充培养液（葡萄糖、氨水、培养基）的速率，并通过给定参数实现对通气量、搅拌转速、pH、温度等的控制。培养基包括酵母粉、无机盐等成分。重组大肠杆菌制备白介素 -2 的发酵过程是一个典型的多阶段过程，主要包括无补料菌种培养阶段、

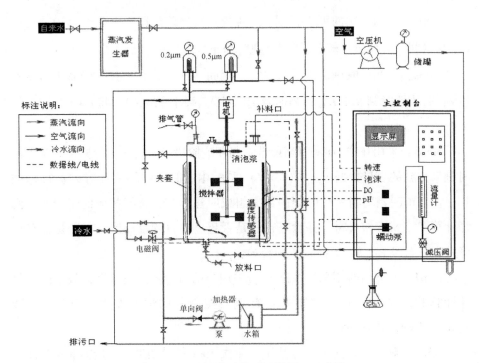

图 11 – 3 大肠发酵发酵系统原理示意图

Fig. 11 – 3 Schematic of Fermentation Equipment and Control System

菌种的补料快速生长阶段、诱导产物合成阶段。整个发酵周期持续 19 ~ 20h，其中第一阶段大约持续 6h，为摇床培养接种后的菌种适应期；第二阶段持续 3 ~ 4h，该阶段发酵罐中的糖浓度需保持较高的水平，并持续不断地补充糖源，以利于大肠杆菌的快速成长；在第三阶段中，糖浓度保持在中等水平，以利于外源蛋白的表达。发酵过程的采样间隔为 0.5h，初始接种量为 700mL。选择 9 个主要过程变量来综合表征菌体生长及外源蛋白表达的状况，如表 11 – 1 所示。选取 33 个正常批次作为初始模型参考数据库，得到不等长的三维数据矩阵 X (33 × 9 × (38 ~ 40))。

表 11 – 1 大肠杆菌发酵过程可检测变量

Table 11 – 1 The measuring parameters in Escherichia coli fermentation processes

序号	变量
1	pH
2	溶解氧浓度（DO,%）

序号	变量
3	罐压（Pressure，Bar）
4	温度（Temperature，℃）
5	搅拌转速（Agitator speed，r·min^{-1}）
6	补葡萄糖量（Glucose feed rate，mL）
7	补培养基量（Culture medium feed rate，mL）
8	通气量（Aeration rate，L·m^{-1}）
9	大肠杆菌浓度（Escherichia coli conc，OD值）

11.5.2　监控结果与讨论

为验证本章提出策略的可行性和有效性，在监测性能方面与 NM - MPCA、全局 DPCA 进行了比较，其中 NM - MPCA 方法使用填充当前值的方法对未来测量值进行估计。

依据传统 NM - MPCA 的建模结果，我们首先讨论过程数据的实际分布情况，通过交叉检验法确定 NM - MPCA 主元数目为 5，其解释的百分比方差为 57.8%，其中第一和第二主元的正态测试如图 11 - 4 所示，图中的直线表示正态分布线，如果数据分布与该直线吻合，表明原数据符合正态分布。可以看出，NM - MPCA 第一和第二主元的分布情况已经偏离正态分布。实际上，通过核密度函数估计可以发现（图 11 - 5），NM - MPCA 第一主元的分布略微呈现出双峰的情况，而第二主元的分布也不满足正态分布情况。如果仍按照正态分布的假设进行监控，NM - MPCA 可能会增加误报和漏报的概率，从而降低统计监控系统的性能。

GMM - DPCA 统计监控模型建立如下：首先依据 GMM 阶段划分算法，整个过程按照采样间隔被自动划分为 3 个阶段，即（1～11）、（12～18）、（19～38），如图 11 - 6 所示。在各阶段的边界处存在一定的交叉即不连续点，表明不同批次同一时刻的采样值可能属于不同阶段，这主要是由于实际工业发酵过程的复杂性，使得同一发酵过程的各批次之间不可能达到完全的重复性生产，造成批次间各阶段的轨迹不同步，如图 11 - 7 所示。图 11 - 7 中给出了

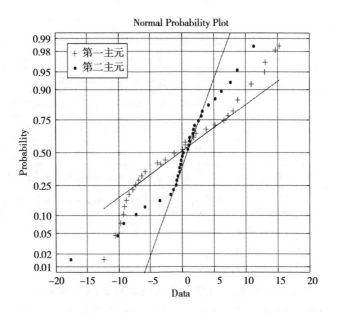

图 11 - 4　NM - MPCA 的主元正态测试结果

Fig. 11 - 4　normality tests of PCs of NM - MPCA

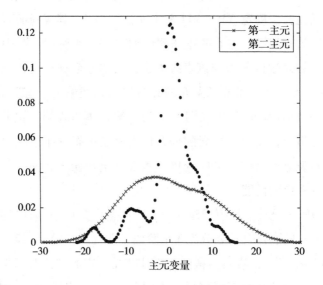

图 11 - 5　NM - MPCA 的主元概率密度分布图

Fig. 11 - 5　Probability density estimate of PCs of NM - MPCA

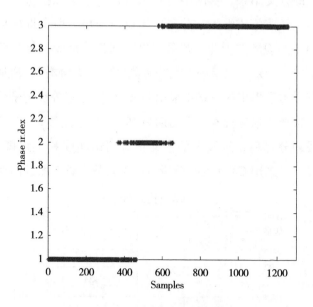

图 11 - 6　子阶段划分结果

Fig. 11 - 6　Phase - clustering result

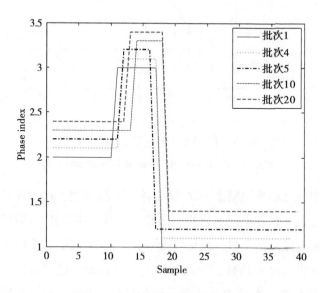

图 11 - 7　各批次阶段不同步现象

Fig. 11 - 7　uneven - length sub - phase of batch processes

其中5个批次的分类结果，从图中可看出对每一个单独批次而言，几乎很少出现边界处的交叉或不连续点，分类效果比较理想，但在批次与批次之间却存在阶段不同步的现象。因此，若采用以时间为基准硬性划分阶段的话，一是边界时刻不容易确定；二是硬性划分可能导致"误分类"，增加漏报率和误报率。为此，在本章提出的策略中采用DTW算法对不等长的子阶段进行轨迹同步。其中，选择的参考批次发酵周期为19h。此外，图11-8和图11-9分别给出了阶段划分之后，阶段3的主元正态测试曲线和主元概率密度估计。由图11-8可知，采用GMM划分阶段后，阶段数据近似服从高斯分布。

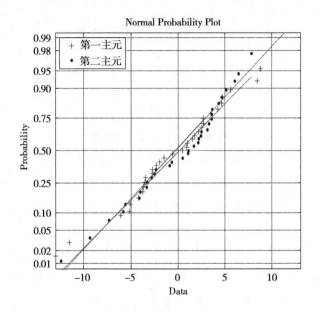

图11-8　阶段3的主元正态测试结果

Fig. 11-8　normality tests of PCs of phase 3

在阶段划分之后采用动态PCA建立各子阶段模型，这主要是考虑到一些间歇过程的过程变量在不同时刻的采样值存在时序相关性，即过程动态特性。如本例中，通过建立9个过程测量变量的自相关特性图（图11-10）可以看出系统具有较强的动态特性。因此，为实现更有效的过程监控，对过程的动态性必须加以考虑。本例中，根据平行分析法确定GMM-PCA的时滞阶次$d=2$。

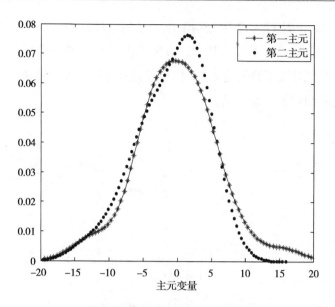

图 11－9　阶段 3 的主元概率密度分布

Fig. 11－9　Probability density estimate of PCs of phase 3

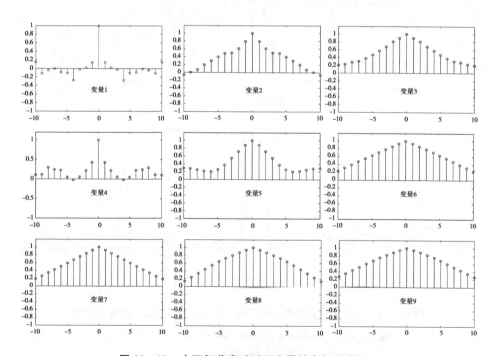

图 11－10　大肠杆菌发酵过程变量的自相关特性图

Fig. 11－10　Autocorrelation curve of of the variables of E. coli fermentation process

图 11 – 11 和图 11 – 12 中分别给出了采用三种方法对一个正常批次和一个故障批次进行监控的结果。其中，故障批次发生在发酵中期，由于人为操作原因导致溶氧迅速下降接近于 0，随后经过操作员对搅拌转速、通气量的及时调整，过程回到了正常工况。

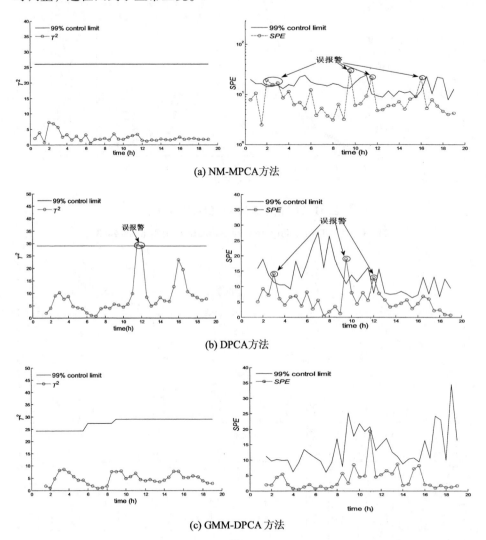

图 11 – 11　比较三种方法在大肠杆菌发酵过程正常批次中的监测结果

Fig. 11 – 11　Monitoring results using（a）NM – MPCA，

（b）DPCA and（c）PDPCA for normal batch

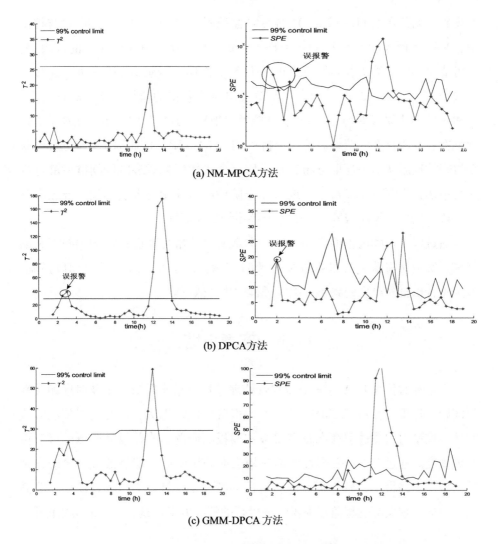

(a) NM-MPCA方法

(b) DPCA方法

(c) GMM-DPCA方法

图 11－12　比较三种方法在大肠杆菌发酵过程故障批次中的监测结果

Fig. 11－12　Monitoring results using (a) NM－MPCA,

(b) DPCA and (c) PDPCA for fault batch

如图 11－11（a）所示，在 SPE 监控图中，NM－MPCA 方法存在过多的误报警现象（尤其在发酵开始阶段），误警率在 13% 左右远远高于 1% 的正常值；而在图 11－12（a）的 T^2 监控图中，传统 NM－MPCA 方法对故障批次没有监测到任何异常，存在严重的漏报现象。在图 11－11（b）和图 11－12（b）的监控图中，DPCA 方法对两个批次的监控，也存在漏报和较高的误报警现象。尤其在图 11 - 12（a）的 *SPE* 监控图和图 11 - 12（b）的 T^2 监控图中，NM - MPCA 和 DPCA 方法对于故障批次的监控，均存在连续的误报警，这可能误导操作员错误操作，给正常生产带来不必要的影响和扰动。图 11 - 11（c）和图 11 - 12（c）为采用本章提出方法获得的监控结果。相比之下，T^2 和 *SPE* 图中误报率均低于1%，并能及时地检测到故障的发生，实现了对正常批次和故障批次的精确监控。分析可知，NM - MPCA 和 DPCA 方法假设整个过程数据服从单一高斯分布，且采用一个线性模型对多阶段间歇发酵过程进行描述，模型可能仅对某一或某几个阶段的特性做出准确描述，导致在其余阶段下出现大量误报警，降低了监控系统的可靠性。

通过以上发酵过程的应用可知，本章所提策略可降低过程的误报率和漏报率，实现对间歇发酵过程故障的及时监测，便于操作人员采取相应措施，减少不合格批次出现的频率，提高过程的生产效率。

11.6　本章小结

本章针对传统 PCA 方法不能有效处理过程数据非高斯分布及时序相关性等问题，提出一种基于 GMM - DPCA 的多阶段监控算法。旨在克服传统方法和单一模型对这类过程存在较高误报和漏报的问题，改善故障监测的可靠性和灵敏度。通过对工业发酵过程的应用表明该策略确实能有效减少系统出现的误报率和漏报率，较好地反映各阶段的特征多样性，为多操作阶段、非高斯分布的间歇发酵过程监控提供一种可行的解决方案，具有一定的实用价值。

第12章　基于 KECA 的间歇过程
多阶段监测方法研究

12.1　引　言

　　绪论中我们已经指出，多阶段特性是间歇过程的固有特征，在每个阶段内都拥有其特定、独有的运行模式和潜在过程特性，具有不同的关键过程变量及特定的控制目标。避免由于阶段变化带来的过程变量变化而造成过程监测的误报警，甚至有时候由于过程阶段的变化，会淹没过程的故障。在前面的章节中，我们系统介绍和分析了基于 MKECA 和 MKEICA 的过程监测方法，这些过程监测方法均是将完整批次的所有数据当作一个整体来进行建模，这种整体建模的思想利用的是所有过程数据的均值和方差信息，描述的是过程运行的历史平均轨迹，易受到诸如噪声及离群点的影响，当其应用在过程的故障监测时，往往具有较高的故障漏报率和误报率。分析上述原因，主要是整体模型忽略了间歇过程生产中的多阶段特征，不同阶段内数据的均值和方差变化较大，利用整体建模思想得出的均值和方差，很难揭示过程变量相关性的变化，无法直接应用于具有多阶段特性的间歇工业过程的监测或故障诊断。由于不同模态下的过程特性有着巨大的差异性，采用单一、整体模型很难表征过程的多个不同阶段，且会导致当前模型在监测其他阶段时容易出现大量的误报警和漏报警现象。换句话说，用整体的模型来描述整个生产进程，将使得其整体控制限在针对各个阶段的监控中，要么过于宽松，要么过于严格，不论哪一种情况，都会导致过程监测的错误判断，甚至使得过程监测彻底失效。目前，国内外学者针对间歇过程的多阶段特性做了大量的工作，如Lu 等利用 PCA 分解后的载荷矩阵，将间歇过程划分为多个操作阶段并分别建立各时段的子模型用于过程监测并取得了不错的效果。然而，上述方法属于硬分类方法，不能反映过渡阶段的特性，从而造成相邻阶段的过渡过程特性变化对检测结果产生很大影响。这是因为相比于作为主要运行模态的稳定阶段，阶段与阶段之间的过渡过程虽不是主流的机理过程，但却是普遍存在的现象和重要的过程行为。这种过渡阶段表现为一种动态的渐变趋势，不仅体现在间歇过程变量的变化上，更体现在间歇过程变量相关关系的变化上。由于间歇生产过程在过渡阶段具有不稳定性，处在过渡阶段的生产过程，极易受到外界干扰而偏离正常过程的运行轨迹，进而影响最终的产品质量和生产过程安全，因此，为确保整个生产过程安全稳定地进行，对过渡过程进行故障监测具有十分重要的意义。鉴于过渡区域较稳定模态所独有的过程机理特性，有必要将过渡区域辨识出来进行独立于稳定阶段的建模分析。为此，Zhao 等提出了基于 K 均值的间歇过程子时段划分方法及过程监测方法，该方法在稳定子时段划分的基础上引入模糊隶属度作为与过渡模式相邻的两个子时段模型的权重系数，综合相邻两个稳定子阶段的特性来近似描述过渡子阶段的特性，提高了模型的监测精度。但是上述阶段划分方法利用的是 PCA 对数据进行分析，之后用未舍弃任何信息的负载矩阵来描述生产过程，利用负载矩阵进行阶段划分，但是负载矩阵如果含有离群点和噪声的话势必会影响阶段划分的正确性。为此，Wang 等提出两步阶段划分方法，该方法首先利用 PCA 对时间片数据矩阵进行分析后的主元个数的不同来对间歇过程进行阶段粗分，然后在每个粗分的阶段内，根据过程变量相关性的变化进行阶段细分。经过两步阶段划分后，相同阶段内的主元个数相同并具有相近的变量变异方向。但是其在过渡阶段利用的是整体监测模型，即在整个过渡阶段内用一个整体 PCA 模型进行过程监测，未考虑过渡过程的动态非线性的特性，因此其在过渡阶段的监测效果不好，未解决过渡阶段监测的问题。针对过渡阶段数据具有非线性的监测，Qi 引入 0～1 模糊隶属度的概念，采用 FCM 进行阶段划分后，在稳定阶段建立 PCA 监测模型，在过渡阶段建立 KPCA 监测，所建立的过渡阶段的监测模型充分考虑了间歇过程非线性的特性，取得了很好的效果，但是采用 FCM 进行阶段划分时，需要事先输入聚类个数，这就要求事先知道阶段个数，但是实际间歇过程未必都是先知道其具体阶段个数，这影响了其对未知过程的应用。上述阶段监测方法有以下两方面的不足：①聚类数据的输入是 MPCA 分解后的负载矩阵，而 MPCA 是线性化方法不能处理间歇过程的非线性，其分解后的负载矩阵必然失去非线性的特征，而非线性又是间歇过程的固有特性，造成非线性数据的丢失。②采用的 K 均值或 FCM 聚类算法需提前指定划分阶段的个数，一旦阶段个数的选取不合适，会使划分结果与数据集的真正结构不符合，也就是不符合过程的实际运行机制，其对过程的监测将造成大量的误报警和漏报警。

针对上述分析的问题，本章提出了基于多阶段 KECA 方法用于间歇过程的故障监测，该方法将三维历史数据按照时间片展开将其映射到高维核熵空间进行阶段的粗划分，在粗划分阶段的基础上，将采样时间扩展到核熵负载矩阵中进行阶段的细划分，最终将生产过程划分为稳定阶段和过渡阶段，并在每个阶段内构建监测模型对间歇过程进行过程监测，当监测到有异常工况发生时，利用时刻贡献图方法对其进行故障诊断。

12.2 多阶段过程监测策略

12.2.1 阶段粗划分

在核熵成分聚类算法中需要事先人为输入聚类个数，而在间歇过程数据中，聚类的个数对结果的影响很大。为了解决以上问题，本章引入了基于角距离的离散度，提出了自适应选取聚类个数的准则，按照类内离散度：

$$S_w = \frac{1}{\sum_{i=1}^{C} N_i^2} \sum_{t,t' \in C_i} \cos\angle(\boldsymbol{\varphi}_{eca}(\boldsymbol{x}_t), \boldsymbol{\varphi}_{eca}(\boldsymbol{x}_t')), \forall i = 1, \cdots, C \quad (12-1)$$

其中：C 为聚类数，类间离散度：

$$S_b = \frac{1}{N^2 - \sum_{i=1}^{C} N_i^2} \sum_{t \in C_i, t' \in C_j, i \neq j} \cos\angle(\boldsymbol{\varphi}_{eca}(\boldsymbol{x}_t), \boldsymbol{\varphi}_{eca}(\boldsymbol{x}'_t)), \forall i,j = 1, \cdots, C$$

$$(12-2)$$

在聚类应用分析中，借鉴费希尔判别准则，使用类内和类间离散度的差作为准则函数。

$$J = \max_{c,\sigma}(S_w - S_b) \quad (12-3)$$

准则函数越大，聚类效果越好，所以在实际应用中应尽可能使准则函数取值最大化。我们用 KECA 转换后的数据 φ_{eca} 代表 φ 来对基于角的价值函数进行优化，最优化过程就是用角距离替代欧氏距离的过程，下面给出基于 KECA 普聚类算法的步骤：

步骤 1：将数据进行 KECA 转换，得到转换后的数据集 φ_{eca}；

步骤 2：初始化平均向量 m_i，$i = 1$，$\cdots$，C；

步骤 3：对所有的 t：$x_t \rightarrow C_i$：maxcos $(\varphi_{eca}(x_t), m_i)$；

步骤 4：更新平均向量；

步骤 5：重复步骤 3、步骤 4，直到收敛。

12.2.2 阶段细划分

MKECA 根据熵值的大小，选择对瑞利熵贡献最大的前 i 个特征值及其对应的特征向量，MKECA 中的熵成分（Entropy Component，EC）体现了数据变量主要的变异方向和变异幅值。计算熵成分的投影向量矩阵 $P_k = 1/\sqrt{\lambda_i}\varphi e_i$，其中 λ_i 和 e_i 是特征值和特征向量，具体求解过程参阅文献。由于间歇过程的测量数据中包含噪声和奇异值，会导致某些时刻的间歇过程的数据发生突然变化，则数据间相对关系也会随之改变，从而使其核熵负载矩阵 P_k 也随之发生变化，容易造成生产过程阶段的错误划分，即将当前阶段的数据错误划分到其他阶段中，从而在过程监测的过程中造成大量的误报警和漏报警，有些甚至失去监测性能。间歇过程阶段间的巨大差异性首先体现在随生产进程延续的采样时刻上，为了解决误差引起的阶段划分错误问题，本章将采样时间 t_k 扩展到核熵负载矩阵中，利用核熵扩展负载矩阵的变化来描述间歇过程的变化。核熵扩展负载阵为 $\hat{P}_k = \begin{bmatrix} P_k & t_k \end{bmatrix}$，核熵扩展负载矩阵间的欧氏距离如下：

$$\| \hat{P}_i - \hat{P}_j \| = \sqrt{\begin{bmatrix} P_i - P_j & t_i - t_j \end{bmatrix}\begin{bmatrix} P_i - P_j & t_i - t_j \end{bmatrix}^{\mathrm{T}}}$$

$$= \sqrt{\| P_i - P_j \|^2 + \| t_i - t_j \|^2} \qquad (12-4)$$

由式（12-4）可以看出，核熵扩展负载矩阵间的欧氏距离由两部分组成，一部分是核熵负载矩阵间的欧氏距离，另一部分则是采样时间 t_k 的差异。

这样当核熵负载矩阵间距离 $\| \boldsymbol{P}_i - \boldsymbol{P}_j \|^2$ 由于误差引起突变，如从属于两个不同阶段的核熵负载矩阵之间的距离 $\| \boldsymbol{P}_i - \boldsymbol{P}_j \|^2$ 突然变小时，采样时间之间的差距 $\| \boldsymbol{t}_i - \boldsymbol{t}_j \|^2$ 会使得两组数据依然被划分至不同的阶段，如果仅仅按照核熵负载矩阵的变化会把其划分到一个阶段，这也是基于 Lu 等、Zhao 等、Yao 等方法的不足之处，极易受到过程变量测量误差和噪声的干扰，而本章提出的核熵扩展负载矩阵则很好地避免了误分类的产生，使得间歇生产过程的阶段划分更加准确。处于生产过渡阶段数据的核熵负载矩阵不但与稳定阶段核熵负载矩阵间的距离即 $\| \boldsymbol{P}_i - \boldsymbol{P}_j \|^2$ 较小，其与稳定阶段间采样时刻差距即 $\| \boldsymbol{t}_i - \boldsymbol{t}_j \|^2$ 也很小，这就使得过渡阶段与稳定阶段很好地区分开来。为衡量两个投影向量之间的相似性，定义相似度为：

$$\boldsymbol{D}_{i,j}^p = 1 - \sum_{l=1}^{J} \gamma_l \frac{| \boldsymbol{p}_{il}^{\mathrm{T}} \boldsymbol{p}_{jl} |}{\| \boldsymbol{p}_{il} \| \cdot \| \boldsymbol{p}_{jl} \|} \tag{12-5}$$

式（12-5）中 γ_l 为加权系数，γ_l 的定义如下：

$$\gamma_l = \frac{1}{l} \bigg/ \sum_{h=1}^{J} \frac{1}{h}, l = 1, 2, l, J \tag{12-6}$$

其中 $\sum_{h=1}^{J} \frac{1}{h} = 1$，并且 $1 > \gamma_1 > \gamma_2 > \cdots > \gamma_a > 0$。

式（12-5）可以看出表示核熵负载矩阵 $\boldsymbol{P}_i$ 和 $\boldsymbol{P}_j$ 中 J 个投影方向的夹角余弦值的加权和，由于两个相近的方向的夹角余弦值接近 1，而 $\gamma_l < 1$ 所以 $\boldsymbol{D}_{i,j}^p \geq 0$，式（12-5）越接近 0，表示核熵负载矩阵 $\boldsymbol{P}_i$ 和 $\boldsymbol{P}_j$ 间的相似性越高。在每个子阶段内部，均具有相近的核熵负载矩阵，而不同子时段间，核熵负载矩阵不同，又或者是两者均不相同。当某一子阶段或者连续几个子阶段相对于其他阶段所包含的样本数量较少时，就表明其为一个操作时段向另一个操作时段转化的过渡划分，由此可以按照上述方法将子时段划分为稳定子时段与过渡子时段，在每个子时段内，时间片间的过程特性是极其相似的，可以采用统一的监测模型替代同一时段内的时间片 KECA 模型。阶段细划分算法的主要步骤如下：

步骤 1：三维建模数据阵沿批次方向展开进行数据标准化，并分割为 k 个时间片数据子块 $\boldsymbol{X}_i$ $(I \times J)$ $i = 1$，2，$\cdots$，k。

步骤2：计算核熵成分的第 1 个熵成分投影向量 P_1 $(J \times J)$ $= [p_{1,1},$ $p_{1,2}, \cdots, p_{1,J}]$ 与第 2 个时间片熵成分投影向量 P_2 $(J \times J)$ $= [p_{2,1},$ $p_{2,2}, \cdots, p_{2,J}]$ 之间的相似度 $D_{i,j}^p$，如满足 $D_{i,j}^p < \delta_p$（δ_p 为给定阈值 0.5），将时间片 1 和时间片 2 归为时段 C_1，并计算负载向量 P_1 $(J \times J)$ 和 P_2 $(J \times J)$ 的均值负载向量 $\overline{P^1} = \dfrac{1}{2} \displaystyle\sum_{k=1}^{2} P_k$。

步骤3：计算时段 C_1 的均值熵成分投影 $\overline{P^1}$ 与第 3 个时间片熵成分投影向量 P_3 之间的相似度 $D_{C_1,3}^p$，若 $D_{C_1,3}^p < \delta_p$，则时间片 3 归属于时段 C_1，并重新计算均值熵成分投影 $\overline{P^1} = \dfrac{1}{3} \displaystyle\sum_{k=1}^{3} P_k$，然后依次计算均值熵成分的负载向量与其他时间片的相似度，直至第 k_{s1} 个为止，使得 $D_{C_1,3}^p \geqslant \delta_p$，之后重新计算 $\overline{P^1} = \dfrac{1}{k_{s1}-1} \displaystyle\sum_{k=1}^{k_{s1}-1} P_k$，并将时间片 k_{s1} 归为新的时段 C_2，再依次计算时段 C_2 的核熵均值负载矩阵与后面的核熵负载矩阵的相似度的值，当无法满足阈值公式时，进入新时段 C_3，依次类推，直至完成所有时间片的阶段归属判断；

假定经过第 1 步时段划分后，所得时段记为阶段 C_1，阶段 C_2，$\cdots$，阶段 C_c。阶段 C_l（$l = 1, 2, \cdots, c$）所包含的时段为 $k_{s(l-1)} \sim k_{sl} - 1$，$k_{s0} = 1$，$k_{sc} = K + 1$，该时段内的均值熵成分投影向量表示如下：

$$\overline{P^l} = \frac{1}{k_{sl} - k_{s(l-1)}} \sum_{k=k_{s(l-1)}}^{k_{sl}-1} P_k \tag{12-7}$$

由上时段划分后得到操作子时段，每个子时段均具有相近的核熵投影向量，而不同子时段将具有不同的核熵投影向量，当某一个子时段相对于其他时段所含样本数较少时，表示该子时段为过渡时段。

12.3 构建多阶段的监测模型

12.3.1 子阶段离线建模

完成稳定阶段与过渡阶段划分后，就可以有针对性地对各阶段建立能表征本阶段特性的监测模型。由于各子时段内变量间相关性具有很高的相似性，扩展核熵负载矩阵 $\hat{P}_k$ 也相差不大，所以我们采用核熵均值负载矩阵 $\overline{P}_s$ 作为当前子时段的负载矩阵，由于其计算量在建模时已完成，在线监测时，只要判断当前数据的阶段归属后即可直接调用 $\overline{P}_s$ 完成数据的映射，不用再单独计算，从而降低了模型的计算量。均值负载矩阵 $\overline{P}_s$ 由各子时段内数据的负载矩阵求出：

$$\overline{P}_s = \frac{\sum_{i=1}^{n_s} P_i}{n_s} \qquad (12-8)$$

式中 s 为时段编号，n_s 为属于子时段 s 的采样时刻个数。得到均值负载矩阵 $\overline{P}_s$ 后就可以利用下式建立子时段 s 的 PCA 模型：

$$\begin{cases} T_k = K_k \overline{P}_s \\ \overline{K}_k = T_k (\overline{P}_s)^{\mathrm{T}} \\ E_k = K_k - \overline{K}_k \end{cases} \qquad (12-9)$$

建立模型后，计算各子时段的 T^2 和 SPE 统计量所对应的控制限，得到控制限后就可以对新数据进行监测，T^2 和 SPE 控制限如下：

$$T_a^2 \sim \frac{a(I-1)}{(I-a)} F_{a,I-a,a}$$

$$(12-10)$$

$$SPE_{k,a} = g_k \chi_{h_k}^2, g_k = \frac{v_k}{2m_k}, h_k = \frac{2m_k^2}{v_k}$$

式中 a 是提取出的主元的个数，m_k 和 v_k 分别是建模数据 SPE 统计量的均值和方差。I 是批次个数，a 为显著性水平。

12.3.2 在线监测

基于 sub – MKECA 方法的新批次在线监测的具体步骤如下：

（1）在新批次的采样时刻 k，对获得的变量数据 $x_{\mathrm{new},k}$（$1 \times J$），利用建模

时的核熵负载向量将 $x_{\text{new},k}$（$1 \times J$）映射到高维核熵空间得到高维的数据矩阵 $K_{\text{new},k}$，采用建模数据相应时刻的均值和标准差对其进行标准化，计算新时刻的核熵矩阵；

（2）根据采样时刻映射到高维核熵空间后，对其进行扩展，计算新时刻的核熵扩展负载矩阵与各阶段的距离，判定其阶段归属后，选择相应的稳定阶段或过渡阶段模型，采用所选模型计算当前时刻 $K_{\text{new},k}$ 的 T^2 和 SPE 统计量；

（3）判断监控统计量 $T^2_{\text{new},k}$ 和 $SPE_{\text{new},k}$ 是否超出各自的控制限。如果发现统计量出现超出其控制限的现象，则说明生产过程中出现了异常，此时利用时刻贡献图方法进行故障变量追溯。

完整的多阶段 KECA 监测方法流程图如图 12 - 1 所示。该方法将三维历史数据按照时间片展开，将其映射到高维核熵空间进行阶段的粗划分，在粗划分阶段的基础上，将采样时间扩展到核熵负载矩阵中进行阶段的细划分，

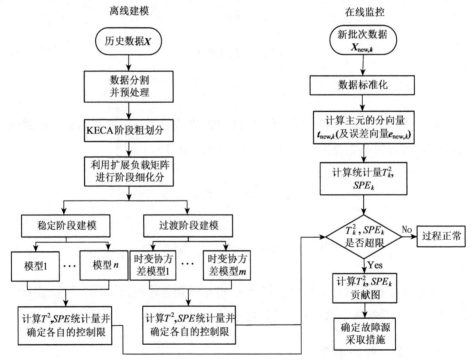

图 12 - 1 基于多阶段 KECA 模型的过程监测流程图

Fig. 12 - 1 Flow chart of multiphase KECA algorithm

最终将生产过程划分为稳定阶段和过渡阶段，计算各个阶段的监控统计量 T^2 和 SPE 的控制限，完成离线建模，将在线采集到的新时刻数据利用历史的核熵扩展负载矩阵将其映射到高维核熵空间，计算新时刻的监控统计量 $T^2_{\text{new},k}$ 和 $SPE_{\text{new},k}$，判断其是否超出控制限，如果发现统计量超出监控控制限，则说明生产过程中出现了异常，利用时刻贡献图方法进行故障变量追溯。第2章的时刻贡献图要计算整个生产周期的所有变量的贡献度，其计算量较大，而木章的分阶段时刻贡献图，只需计算其对应阶段内的时刻贡献度，这也是多阶段监测方法的优点，不仅可以快速发现故障，在进行故障诊断时还可以减少计算量，做到对故障的快速定位。

12.4　算法验证

12.4.1　数值实例仿真

本节采用一个简单的数值实例来表明，由于生产批次间的轨迹不同步，以及阶段间存在着过渡现象，往往使得过渡过程的变量之间具有更强的动态非线性。这里实验的主要目的是证明下列观点：①基于阶段的过程数据是非线性的；②过渡阶段的数据特性比稳定阶段具有更强的非线性特性。

假设如下的数值过程有三个过程变量 x_1、x_2、x_3，分别按下式求取：

$$x_1 = t + e_1$$

$$x_2 = 2(t - 1.1)^2 + e_2$$

$$x_3 = \begin{cases} \exp(t) + e_3 & t < 0.5 \\ 5 \times \exp(-2t) + e_3 & t \geqslant 0.5 \end{cases}$$

$$(12 - 11)$$

其中，$t \in [0.01, 2]$，e_1、e_2、e_3 为白噪声且服从 $N(0, 0.01^2)$ 的正态分布。图 12 - 2 为 3 个过程变量在采样序列 t 定义域范围内的变化曲线。由图 12 - 2 可知，本例中的非线性过程可以比较明显地划分为 3 个分段近似的线性过程。此外，从图 12 - 2 中可以看出变量 x_2 在转折点（$t = 1.1$）附近具有明显的平滑过渡特性。设采样间隔为 0.01，则每个批次可生成 200×3 的数据矩

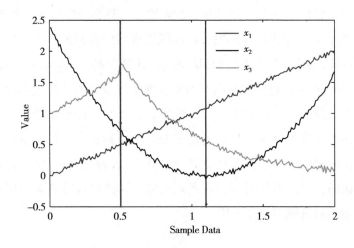

图 12 – 2　过程变量变化曲线图

Fig. 12 – 2　Trajectories of three process variables from a batch run

阵，为模拟实际间歇过程的特性，实现各批次阶段的不等长，对 x_2 和 x_3 采用平移或伸缩等方法，使 x_2 的转折点（$t = 1.1$）随机落入 $1.0 \sim 1.2$，使 x_3 的转折点（$t = 0.5$）随机落入 $0.4 \sim 0.6$，共产生 20 个批次数据。对 20 个批次数据提取平均轨迹，将数值过程划分为稳定阶段（$0 \sim 0.4$）、（$0.6 \sim 1$）、（$1.2 \sim 2$）和过渡阶段（$0.4 \sim 0.6$）、（$1.0 \sim 1.2$）。之后对各阶段变量之间的相关关系进行分析，图 12 – 3（a）为变量在稳定阶段 1 内的关系图，如果两者满足线性关系时其对应为直线，实线代表变量 x_2 和 x_1 之间的关系，虚线代表变量 x_2 和 x_3 之间的关系，由图 12 – 3（a）可知，在稳定阶段 1 内 x_2 和 x_1 不满足线性关系，x_2 和 x_3 也不满足线性关系。图 12 – 3（b）代表变量在稳定阶段 2 内的关系图，由图中的关系曲线可以看出，在稳定阶段 2 内 x_2 和 x_1 不满足线性关系，x_2 和 x_3 也不满足线性关系。图 12 – 3（c）和图 12 – 3（d）分别代表变量在过渡阶段 1 和过渡阶段 2 之间的关系，由图中实线和虚线可知，x_3 和 x_2 之间、x_3 和 x_1 之间具有强烈的非线性关系。

综上可知，在稳定阶段各变量之间表现出非线性关系，而在过渡阶段则表现出较强的非线性关系，其中 x 轴（或 y 轴）代表过程变量（x_1、x_2 和 x_3）在相应阶段内的取值，因此采用线性 PCA 方法对过渡阶段建立统计模型显然是不合适的。

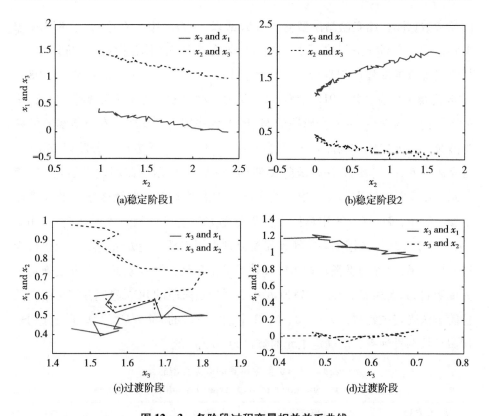

图12 -3　各阶段过程变量相关关系曲线

Fig. 12 - 3　Correlation of process variables in different phases and transitions

12.4.2　青霉素仿真验证

在本节中我们仍然采用第2章中介绍的青霉素发酵仿真平台 PenSim V2.0 作为算法的仿真测试平台，这里实验的主要目的是证明下列观点：①基于阶段的过程数据是非线性、非高斯性、多阶段性共存的，不是单一存在的；②基于阶段建立的监测模型具备有效的故障监测能力；③基于阶段建立的监测模型有利于间歇过程故障的诊断。为对本章提出的监测策略进行全面的测试，设定青霉素发酵每个批次的反应时间为400h，采样间隔为1h，选取 10 个过程变量（温度、空气流量、灌压、pH、补氮量、补碳量、产生热量、冷却水量、搅拌功率、底物补料速率）进行监测。为了使训练样本数据可靠，同时假定训练样本数据足够多，本书共生产了 100 批正常批次数据作为模型的参考数据库，建立监测模型的三维数据 X（$100 \times 10 \times 400$）通过 KECA 数据转换后，在高维空间按照本章的阶段划分方法对间歇过程进行阶段划分，最终将青霉素发酵过程划分为 5 个子阶段，其中 1～44h、92～152h、298～400h 为稳定阶段；45～91h、152～297h 为过渡阶段，为了验证本章监测算法的有效性，与 MKPCA 和分阶段的 MKPCA 算法进行了比较，本小节实验的核参数统一选为 200，传统 MKPCA 为文献［54 – 57］的方法，分阶段 MKPCA 为文献［76，77］的方法。故障类型如表 12 – 1 所示，监测效果如表 12 – 2 所示，由于篇幅的限制在这里只给出故障 1 和故障 2 的监测效果图及故障诊断图。其中，MKPCA 采用累计方差贡献率方法确定主元的数目为 17；sub – MKPCA 中，3 个稳定阶段的 PCA 建模分别采用交叉检验方法确定主元数目为 14、13、16，2 个过渡阶段的 KPCA 建模分别采用累计方差贡献率方法确定主元的数目为 25 和 27；sub – MKECA 中 3 个稳定阶段的 PCA 建模分别采用交叉检验方法确定主元数目为 6、8、6，2 个过渡阶段的 sub – MKECA 建模分别采用累计核熵贡献率方法确定主元的数目为 10 和 12。

表 12 – 1　仿真中用到的故障类型总结

Table 12 – 1　Summary of fault types introduced in process

故障编号	过程变量	故障类型	故障发生时间
故障 1	底物补料速率	斜坡扰动	200～400h
故障 2	搅拌功率	阶跃扰动	100～400h
故障 3	通风率	阶跃扰动	150～400h
故障 4	底物补料速率	阶跃扰动	200～400h
故障 5	搅拌功率	斜坡扰动	50～400h
故障 6	通风率	斜坡扰动	150～400h

表 12 – 2　采用 MKPCA、sub – MKPCA 和 sub – MKECA 监测结果比较

Table 12 – 2　Summary of monitoring results for MKPCA, sub – MKPCA and sub – MKECA

工况	I 型误差率（%）			II 型误差率（%）		
	MKPCA	sub – MKPCA	sub – MKECA	MKPCA	sub – MKPCA	sub – MKECA
故障 1	22	9	0	82	48	0.6
故障 2	5.71	12	1.67	7	5	0

续表

工况	Ⅰ型误差率（%）			Ⅱ型误差率（%）		
	MKPCA	sub – MKPCA	sub – MKECA	MKPCA	sub – MKPCA	sub – MKECA
故障3	7.71	14	0.2	12.33	3	0.78
故障4	3.84	5	1	42.4	20.7	4
故障5	3.13	6	1	37.9	12	2
故障6	3.25	7	0.75	51.25	44.2	4.5

12.4.3 监测结果与讨论

表12-2给出了3种方法的监测性能比较，可以看出，本章提出的方法对于各类故障的检测均是有效的，且在3种方法中误报率（Ⅰ型误差率）最低，表明本章方法在一定程度上可提升监测过程的可靠性。对于故障批次，本章方法能够在较小的漏报率（Ⅱ型误差率）下，实现对故障的快速、准确检测。另外，在一些故障的检测中，MKPCA和sub – MKPCA方法的漏报率较高。分析原因可知，对于其中的一些故障，MKPCA和sub – MKPCA方法的T^2图中没有检测到任何异常，且在SPE图中的漏报率也明显高于本章方法。图12-4给出了对故障类型1的批次监测效果，故障是斜率为1.2%的斜坡扰动，200h引入直至反应结束。在通常情况下，搅拌功率是影响溶氧浓度的主要因素，搅拌功率的下降，会导致培养基中溶氧浓度的下降，从而导致菌体生长速度减慢，最终降低青霉素产率。由图12-4可知，本章方法在200h，也就是几乎在故障发生的同时就检测到了异常情况的发生，比传统MKPCA和sub – MKPCA方法分别提前了大约20h和14h。在T^2监测图中，sub – MKPCA方法对故障的检测比本章方法滞后了大约62h，而MKPCA方法的T^2图，比本章方法滞后了大约136h。分析可知，实验中的故障恰好发生在过渡阶段2内，由于sub – MKPCA将生产过程硬性划分为不同的子阶段，割裂了相邻过程阶段的联系，不能反映过渡阶段的特征，因此不能及时有效地检测出在过渡过程中发生的故障，存在较大的滞后性，有些甚至被过渡阶段变量相关关系的变化所掩盖，即认为此故障导致的过程变量相关关系的变化是由于阶段过渡引起的；而MKPCA方法将完整批次数据作为一个整体来处理，不能准确描述过程所有阶段的特性；又

或者是其用一个监测模型来表征整个操作范围，导致监测限过于宽松。可见，基于整体建模思想的 MKPCA 方法在针对多阶段生产过程的监测时，已经不再适用。综上所述，间歇生产过程过渡阶段的过程变量之间相关特性的变动对监测结果有较大影响，为了保证间歇生产的安全及产品质量，必须加以考虑。

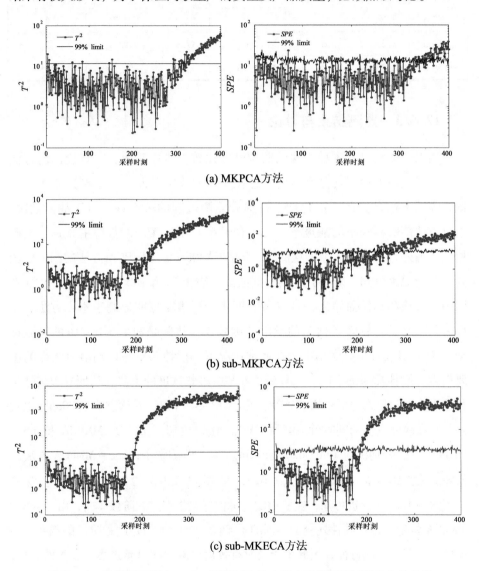

(a) MKPCA方法

(b) sub-MKPCA方法

(c) sub-MKECA方法

图 12 − 4　采用 MKPCA、sub − MKPCA 和本章方法监测测试批次 1 的结果

Fig. 12 − 4　Monitoring results using MKPCA，sub − MKPCA and the proposed method for test batch 1

监测出故障后，利用时刻贡献图方法进行故障诊断和故障变量追溯。以故障1为例，其中故障由变量1引起，各过程变量对于两个统计量的贡献如图12－5所示，对于MKECA的 SPE 统计量来说，它准确地识别出了变量1对于该统计指标的异常变化，但对于 T^2 统计量来说，除了变量1之外，变量5、6、7在不同的时刻显示了一定程度的贡献，表明它们有可能是故障变量，但从整体趋势来看，变量1在整个周期内的贡献最显著，这也是时刻贡献图优于传统贡献图的地方，其是依据整体周期趋势，避免在个别时刻某一变量对统计量的贡献显著，而被误认为是故障的情况。另外图12－5（b）是阶段故障诊断时刻贡献图，它的优势在于可以简化计算量，在固定阶段内定位故障源，其余与整体贡献图是一样的，区别在于计算量上。这在生产过程中是非

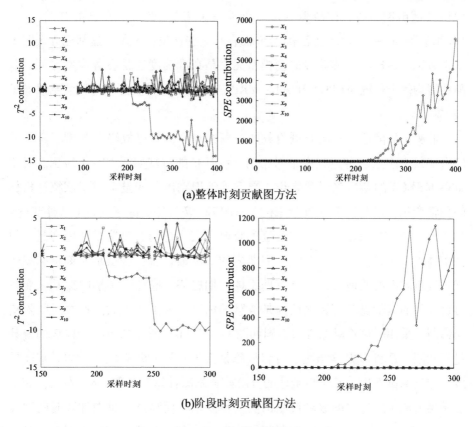

(a)整体时刻贡献图方法

(b)阶段时刻贡献图方法

图 12－5　故障诊断

Fig. 12－5　Fault diagnosis

常有必要的，越早定位故障源，就能越早正确处理故障，降低故障对生产质量的影响。在检测到故障后需要对故障进行故障变量追溯，图 12 - 5（b）所示为采用时刻贡献图法得到的稳定阶段 3 的统计量时刻贡献图，从图中可以看到，T^2 和 SPE 监测统计量给出了相同的诊断结果，即故障是由变量 1 的异常引起的。测试发现，基于核函数的分阶段贡献图需耗时 1min 左右，完全能满足一般工业过程的故障诊断的实时性要求，而整体贡献图计算时间则需要大约 12min。图 12 - 6 所示为三种方法对故障类型 2 的批次进行监测的结果。该故障批次为通风速率在 100h 加入阶跃扰动使补料速率下降 15%，直到反应结束。由图 12 - 6 可知，本章方法在 100h 检出故障，比传统 MKPCA 方法提前了 27h，比 sub - MKPCA 方法提前了 12h。在 sub - MKPCA 方法的 T^2 图中，123h 才超出控制线，比故障发生时刻滞后了 23h。此外，在发酵开始阶段，MKPCA 和 sub - MKPCA 方法的 SPE 图存在一些误报警现象。这都充分表明了基于 sub - MKECA 的多阶段监测模型无论是在准确度还是在鲁棒性方面，监测性能均优于传统 MKPCA 和 sub - MKPCA 方法。其他类型故障监测结果参见表 12 - 2。

监测出故障后，利用时刻贡献图诊断故障原因。以故障 2 为例，其中故障由变量 1 引起，各过程变量对于两个统计量的贡献如图 12 - 7 所示。对于 sub - MKECA 的 SPE 统计量来说，它准确地识别出了变量 1 对于该统计指标的异常变化，但对于 T^2 统计量来说，从图 12 - 7 可知，除了变量 1 之外变量 4 和 7 在不同的时刻显示了一定程度的贡献，表明它们有可能是故障变量，但从整体趋势来看，变量 1 在整个周期内的贡献最显著，这也是时刻贡献图优于传统贡献图的的地方，其是依据整体周期趋势，避免在个别时刻某一变量对统计量的贡献显著，错误认为是故障的情况。为了实现故障检测后的隔离与诊断，采用时刻贡献图方法得到如图 12 - 7（b）所示的过渡阶段 2 的统计量贡献图，T^2 和 SPE 均指明了过程故障是由于变量 1 即通风速率的异常所导致。通过测试发现，基于核函数的分阶段贡献图计算时间需 2min 左右，完全能满足一般工业过程的故障诊断的实时性要求，而整体贡献图计算时间则需要大约 15min，其他故障识别结果见表 12 - 3，基于阶段时刻贡献图方法可以准确识别故障源。

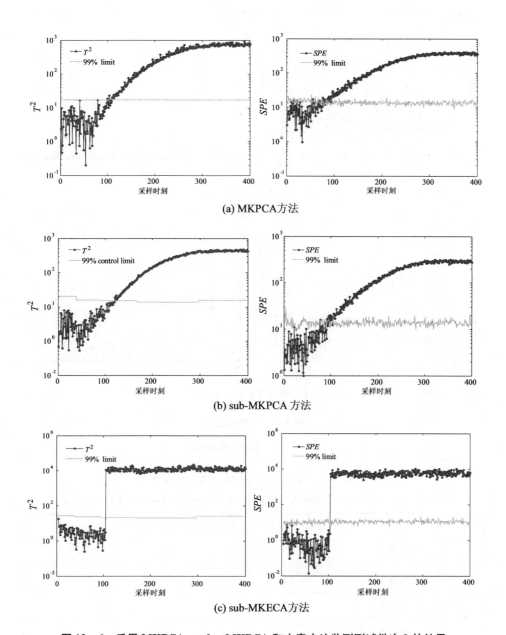

(a) MKPCA方法

(b) sub-MKPCA 方法

(c) sub-MKECA方法

图 12 − 6 采用 MKPCA、sub − MKPCA 和本章方法监测测试批次 2 的结果

Fig. 12 −6 Monitoring results using MKPCA, sub − MKPCA and

the proposed method for test batch 2

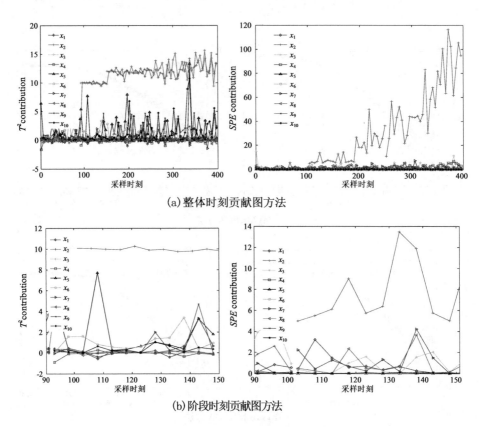

(a) 整体时刻贡献图方法

(b) 阶段时刻贡献图方法

图 12 – 7　故障诊断

Fig. 12 – 7　Fault diagnosis

表 12 – 3　时刻贡献图识别故障变量结果

Table 12 – 3　Time contribution of pattern recognition fault variable results

序号	时刻贡献图是否识别故障源
故障 1	是
故障 2	是
故障 3	是
故障 4	是
故障 5	是
故障 6	是

综上所述，本章提出的方法能较好地揭示过程变量相关关系的变化，从客观上反映各阶段及过渡过程特征的多样性和独特性，由于各个阶段之间体现出明显的差异性，反映在过程变量上的表现就是各个阶段之间，过程变量的均值和方差具有明显的差异，这种差异性就要求所建立的监控模型必须可以准确描述各个阶段的特征。本章所用的分阶段建模的思想正好满足这种条件，可以有效地减少系统的误报率和漏报率，尤其当故障发生在过渡阶段内，体现出较高的故障识别率。

12.5　本章小结

多阶段间歇过程的故障监测是多元统计过程监测的难点问题，不仅需要考虑稳定模态下的过程监测，而且需要考虑具有很强动态非线性的过渡模态。由于不同操作模态下数据具有不同的相关性，所以需要对每个过程模态建立不同的监测模型，尤其是稳定模态间的过渡过程，其最大的特点就是变量的动态特性。在过渡阶段使用时变协方差代替固定协方差可以更好地反映这一特性。本章提出了一种同时应用于间歇过程子阶段划分和过程监测的新策略，该方法首先把三维数据矩阵按照时间片展开策略展开为新的二维数据；其次根据各时间片的数据进行 KECA 数据转换，然后依据核熵的大小对生产过程进行阶段划分，将生产操作过程划分为稳定阶段和过渡阶段，并分别建立监测模型对生产过程进行监测；最后对青霉素发酵仿真平台的应用表明，采用 sub – MKECA 的阶段划分结果能很好地反映间歇过程的机理，并且对于多模态过程的故障监测表明其可以及时、准确发现故障，具有较高的实用价值。

第 13 章　间歇过程子阶段
非高斯监测方法研究

13.1　引　言

多阶段、非线性、非高斯性是间歇过程的固有特征，本章结合第 3 章与第 4 章的研究内容，提出了基于子阶段的间歇过程监测方法，按照第 4 章阶段划分的结果，分别建立各个生产过程子阶段的 KEICA 模型，通过构建监测高阶累积统计量 HS 和 HE 用于间歇过程的故障监测，并分别与传统 MKICA 和第 3 章 MKEICA 进行对比，验证本章方法的有效性。第 3 章的 MKEICA 是利用 KECA 进行白化，其与 KPCA 白化最大的不同就是在进行白化矩阵的特征选取时依据于核熵值的大小，KPCA 是按照前 n 个较大的特征值进行特征提取。经过 KECA 白化后得分矩阵不仅可以去除数据之间的相关性，还能够保证数据与原点的角结构信息一致，即保证原始数据的簇结构信息不变。但是其建立的间歇过程监测模型的思想是整体建模，利用的是统一的核熵主成分和独立主元，间歇过程正如绪论和第 4 章所述，具有多个操作稳定阶段和多个操作过渡阶段，当生产过程运行于不同的阶段时，正常生产过程数据的均值、方差、相关性等特征会发生明显的变化，如按照整体建模的思想去构建监测模型势必造成所建立的模型不能很好地描述生产过程的所有操作阶段，往往体现为所建立的整体模型只能很好地描述某几个生产阶段；或者其所构建的整体控制限过宽，具有较高的故障误报率和漏报率。关于子阶段建模在绪论和第 4 章进行了详细论述，在这里仅仅从子阶段 ICA 在间歇生产过程的监测应用方面进行阐述。2008 年 Zhao 等提出了针对不同阶段建立局部 ICA 模型进行过程监测，由于其较好地捕获不同阶段的非高斯特性取得了不错的监测效果，同时 sub – ICA 的成功应用，也验证了间歇过程存在多阶段的非高斯特性，针对各个阶段建立非高斯监测模型可以提高模型的监测精度，同年 Ge 等验证了上述观点，但是上述方法在进行在线监测时仅仅利用时刻判定当前数据的阶段归属，会造成数据阶段的错误划分。为此，2013 年 Yu 等人提出了基于后验概率的混合 MICA 模型用于多阶段间歇过程的监测，利用后验概率判定当前数据的阶段归属后再投影到与其对应的监测模型内进行监测。但是上述基于阶段的 ICA 监测模型属于线性模型，在监测非线性过程时会造成大量的错误报警。因此，基于子阶段的 MKEICA 监测成为必然选择，同时间歇过程是动态过程，这里与第 3 章的监测方法相比在两个方面有改进：①考虑到间歇过程分阶段的特性，将整体监测模型和整体监测控制限进行分段，建立多阶段监测模型和多阶段监测控制限；②考虑到间歇过程的动态特性，用时变协方差取代固定的协方差，具体改进如图 13 - 1 所示。第 12 章主要解决的是过程的多阶段、非线性的状况，所建立的分阶段监测模型及监测统计量使用的是低阶统计量，未考虑过程数据的高阶统计信息，相当于做了过程数据是高斯分布的假设，因为高斯特性在二阶以上的统计量的统计信息为零。这也是基于 PCA 监测模型的假设条件，当过程数据具有非高斯性时基于 PCA 的方法则无能为力。

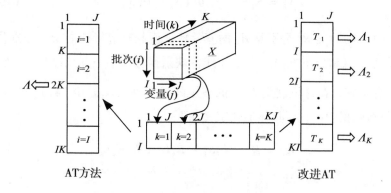

AT方法　　　　　　　　　　　　　　　　改进AT

图 13 - 1　改进 AT 方法三维数据展开

Fig. 13 - 1　Unfolding of a three - way array by improving AT method

　　根据上述分析，本章提出了基于子阶段高阶累计统计量的间歇过程建模和在线监测算法。该方法充分考虑间歇过程数据具有的非线性、非高斯性和多阶段等特性，首先利用 MKECA 将原始数据映射到高维核熵空间解决数据的非线性特性，然后在高维核熵空间对数据进行阶段划分，解决间歇过程多阶段的特性。在每一个阶段内建立 ICA 监测模型并将高维核熵空间的数据分解为独立元空间和残差空间，然后在两个子空间分别构造高阶累计量的监测统计量 HS_C 和 HE_C，其中 C 代表阶段数，用于在线监测，其每一个子阶段对应的监测控制限由核密度估计 HS_C 和 HE_C 得出。

13.2　基于多阶段 KEICA 的间歇过程监测

首先将间歇生产过程的时刻数据 X_k（$I \times J$）（$k = 1, 2, \cdots K$）进行预处理，通过一个非线性函数 Φ（·）映射到高维特征空间得到时间片的协方差矩阵：

$$R_k = \frac{1}{I} \tilde{\Phi}(X_k)^{\mathrm{T}} \tilde{\Phi}(X_k) \tag{13-1}$$

这里 $\tilde{\Phi}(X_k)$ 是由 Φ（X_k）均值中心化后得到的。对 R_k 进行特征分解得到：

$$\lambda_j v_j = R_k v_j = \frac{1}{I} \tilde{\Phi}(X_k)^{\mathrm{T}} \tilde{\Phi}(X_k) \cdot v_j \tag{13-2}$$

其中，λ_j、$v_j \in R^h$ 分别是 R_k 的非零特征值和对应特征向量，分别代表着 R_k 的方差信息和分布方向。由于非线性映射函数 Φ（·）未知，导致 R_k 的分布信息未知，在这里利用 $I \times I$ 的核矩阵 $K_k = \tilde{\Phi}(X_k) \tilde{\Phi}(X_k)^{\mathrm{T}}$ 进行替换，将 K_k 进行数据中心化，具体形式定义如下：

$$\tilde{K}_k = K_k - L_I K_k - K_k L_I + L_N K_k L_I \tag{13-3}$$

这里 $L_I = \frac{1}{I} \begin{bmatrix} 1 & \cdots & 1 \\ \vdots & \ddots & \vdots \\ 1 & \cdots & 1 \end{bmatrix}$。$\tilde{K}_k$ 定义的特征值的解决方案为：

$$\xi_j a_j = \tilde{K}_k a_j = \tilde{\Phi}(X_k) \tilde{\Phi}(X_k)^{\mathrm{T}} a_j \tag{13-4}$$

两边同时乘以 $\tilde{\Phi}(X_k)^{\mathrm{T}}$ 得：

$$\xi_j \tilde{\Phi}(X_k)^{\mathrm{T}} a_j = \tilde{\Phi}(X_k)^{\mathrm{T}} \tilde{\Phi}(X_k) \tilde{\Phi}(X_k)^{\mathrm{T}} a_j \tag{13-5}$$

同时考虑正常的约束，对比式（13 – 5）与式（13 – 2）可以很容易地导出如下具体形式：

$$v_j = \frac{\tilde{\Phi}(X_k)^{\mathrm{T}} a_j}{\sqrt{\xi_j}} \qquad (13 - 6)$$

其中，$\lambda_j = \xi_j / I$。由以上分析的相关系，$\tilde{K}_k$ 可以包含原有 R_k 过程分布的相关信息。为了解决式（13 – 1）特征值计算的问题，基于 Mercer 理论利用核技巧 $k_{ij} = \Phi(x_i)\Phi(x_j)^{\mathrm{T}} = k(x_i, x_j)$ 代替复杂的点击运算。核函数作为聚类过程的基本单元，将过程正确划分为不同的非线性阶段。划分过程可以参考第 4 章内容及文献。

13.2.1　离线建模

依据时间片利用 KECA 进行白化处理后得到阶段白化矩阵 Z_k，对 $\tilde{K}_k$ 进行特征分解得到对应的特征向量矩阵，具体形式如下式所示：

$$V_k = (a_1, a_2, \cdots, a_u) = \tilde{\Phi}(X_k)^{\mathrm{T}} H_k \Lambda_k^{-1/2} \qquad (13 - 7)$$

这里 $\Lambda_k = \mathrm{diag}(\xi_1, \xi_1, \cdots, \xi_u)$，$H_k = [a_1, a_2, \cdots, a_u]$ 分别是 $\tilde{K}_k$ 的特征向量和特征值。$V_k = [v_1, v_2, \cdots, v_u]$ 是 R_k 的特征向量，并且 $V_k V_k^{\mathrm{T}} = L_{pc}$，$L_{pc}$ 为单位向量。根据核熵值来确定核熵投影向量，准则如下所示：

$$\sum_{i=1}^{d} \hat{V}(p)_i \Big/ \sum_{i=1}^{n} \hat{V}(p)_i \times 100\% \geqslant 85\% \qquad (13 - 8)$$

用式（13 – 7）、式（13 – 8）计算第 c 个阶段的时间片矩阵的白化得分矩阵，具体形式如下式所示：

$$Q_k = V_k \left(\frac{1}{I} \Lambda_k\right)^{-1/2} = \sqrt{I} \tilde{\Phi}(X_k)^{\mathrm{T}} H_k \Lambda_k^{-1} \qquad (13 - 9)$$

$$Q_k^{\mathrm{T}} Q_k = V_k \left(\frac{1}{I} \Lambda_k\right)^{-1/2} V_k^{\mathrm{T}} V_k \left(\frac{1}{I} \Lambda_k\right)^{-1/2} = \left(\frac{1}{I} \Lambda_k\right)^{-1/2} \left(\frac{1}{I} \Lambda_k\right)^{-1/2} = I \Lambda_k^{-1}$$

$$(13 - 10)$$

在特征空间使用时间片白化矩阵完成数据的转换，其实质就是得到 KECA 的得分矩阵：

$$Z_k = \tilde{\Phi}(X_k)V_k = \tilde{\Phi}(X_k)^{\mathrm{T}}\tilde{\Phi}(X_k)H_k\Lambda_k^{-1/2} = \tilde{K}_k H_k \Lambda_k^{-1/2} \quad (13-11)$$

进行归一化：

$$\tilde{Z}_k = \tilde{\Phi}(X_k)Q_k = \tilde{\Phi}(X_k)V_k\left(\frac{1}{I}\Lambda_k\right)^{-1/2} = Z_k\left(\frac{1}{I}\Lambda_k\right)^{-1/2} = \sqrt{I}\tilde{K}_k H_k \Lambda_k^{-1}$$

$$(13-12)$$

以上方法是将所有时间片数据完成核空间的数据转换，每一个时段代表一个核空间单元，Z_c（$IK_c \times p_c$）中的 K_c 对应 c 个阶段的所有的数据。同一时段内的时间片白化得分矩阵 $\tilde{Z}_k$ 相同。利用改进 ICA 算法，针对各时段的数据单元 X_c（$K_c I \times J$）提取子时段 ICA 监测模型的子时段分离矩阵 W_c（$d_c \times p_c$）和混合矩阵 A_c（$p_c \times d_c$），这里 d_c 是在第 c 个阶段内所保留的独立元个数，$W_c A_c = I_{dc}$，其中 I_{dc} 是单位矩阵，具体形式如下式所示：

$$S_c = \tilde{Z}_c W_c^{\mathrm{T}} \quad (13-13)$$

$$e_c = \tilde{Z}_c - S_c A_c^{\mathrm{T}} \quad (13-14)$$

这里的 S_c（$IK_c \times d_c$）是从核空间 $\tilde{Z}_c$（$IK_c \times p_c$）提取的第 c 个阶段的独立成分，$e_c \tilde{Z}_c$ 是从核空间 $\tilde{Z}_c$（$IK_c \times p_c$）提取独立成分后的残差。

13.2.1.1 传统监测统计量和控制限的构建

定义 MKEICA 监测系统中的第 k 个采样时刻数据的 I^2 统计量计算如下：

$$I_{i,k}^2 = (s_{i,k} - \bar{s}_k)^{\mathrm{T}} O_k^{-1}(s_{i,k} - \bar{s}_k) = s_{i,k}^{\mathrm{T}} s_{i,k} \quad (13-15)$$

定义 MKEICA 监测系统中的第 k 个采样时刻数据的 SPE 统计量计算如下：

$$SPE_{i,k} = e^{\mathrm{T}}e = \left[\tilde{\Phi}(x_{i,k}) - \breve{\Phi}(x_{i,k})\right]^{\mathrm{T}}\left[\tilde{\Phi}(x_{i,k}) - \breve{\Phi}(x_{i,k})\right]$$

$$= \left[\tilde{\Phi}(x_{i,k}) - \breve{z}_{i,k}^{\mathrm{T}}V_k^{\mathrm{T}}\right]\left[\tilde{\Phi}(x_{i,k}) - V_k\breve{z}_{i,k}\right]$$

$$= \tilde{k}(x_{i,k},x_{i,k}) - 2\tilde{\Phi}(x_{i,k})^{\mathrm{T}}V_k\breve{z}_{i,k} + \breve{z}_{i,k}^{\mathrm{T}}V_k^{\mathrm{T}}V_k\breve{z}_{i,k}$$

$$= \tilde{k}(x_{i,k},x_{i,k}) - 2z_{i,k}^{\mathrm{T}}\breve{z}_{i,k} + \breve{z}_{i,k}^{\mathrm{T}}\breve{z}_{i,k} \quad (13-16)$$

这里 $s_{i,k}$（$d_c \times 1$）是独立主元的向量，表示在第 k 时刻的第 i 个模型，$\bar{s}_k$

（$d_c \times 1$）是时间片的第 k 时刻的均值向量，通常情况下是零向量。O_k（$d_c \times d_c$）是 S_k 的时间片协方差矩阵，在这里 O_k 是单位阵，两者控制限由核密度估计得出。

对于一个新的待监测测量向量 x_{new}，其对应的核向量为：

$$K_{new} = [\, k(x_1, x_{new}), k(x_2, x_{new}), \cdots, k(x_I, x_{new}) \,] \tag{13-17}$$

需要中心化和去量纲化：

$$\tilde{K}_{new} = K_{new} - L_{new}\tilde{K} - K_{new}L_{new} + L_{new}\tilde{K}L_n \tag{13-18}$$

其中 $L_{new} = \dfrac{1}{I}[\, 1, \cdots, 1\,]_I$。则新的 PCA 得分矩阵为：

$$Z_{knew} = \tilde{K}_{knew}H_k\Lambda_k^{-1/2} \tag{13-19}$$

新的白化得分为：

$$\tilde{Z}_{knew} = \sqrt{I}\,\tilde{K}_{knew}H_k\Lambda_k^{-1} \tag{13-20}$$

对 $\bar{z}$ 进行 ICA 算法计算，得到用于过程监测的统计量如下式所示：

$$s_{knew} = W_c\tilde{Z}_{knew} \tag{13-21}$$

$$e_{knew} = \tilde{Z}_{knew} - s_{knew}A_c^T \tag{13-22}$$

$$I^2_{newk} = s^T_{newk}s_{newk} \tag{13-23}$$

$$
\begin{aligned}
SPE_{newk} &= e^T_{newk}e_{newk} = [\,\tilde{\Phi}(x_{newk}) - \check{\Phi}(x_{newk})\,]^T[\,\tilde{\Phi}(x_{newk}) - \check{\Phi}(x_{newk})\,] \\
&= [\,\tilde{\Phi}(x_{newk}) - \check{z}^T_{newk}V_k^T\,][\,\tilde{\Phi}(x_{newk}) - V_k\check{z}_{newk}\,] \\
&= \tilde{k}(x_{newk}, x_{newk}) - 2\tilde{\Phi}(x_{newk})^TV_k\check{z}_{newk} + \check{z}^T_{newk}V_k^TV_k\check{z}_{newk} \\
&= \tilde{k}(x_{newk}, x_{newk}) - 2z^T_{newk}\check{z}_{newk} + \check{z}^T_{newk}\check{z}_{newk}
\end{aligned}
\tag{13-24}
$$

13.2.1.2　基于高阶累积量监测统计量和控制限的构建

在采样 i 处，第 m 个主导独立成分 s_m 的样本三阶累积量为：

$$hs_d(i) = s_d(i)s_d(i-1)s_d(i-2) = w_p\overline{K}(i)w_p\overline{K}(i-1)w_p\overline{K}(i-2) \tag{13-25}$$

其中 w_{pm} 是解混矩阵 W_{pd} 的第 m 行，$m = 1, 2, \cdots, d$。HCA 的第一个监

测指标定义为：

$$HS_p(i) = \sum_{p=1}^{d} |hs_{pm}(i)| \qquad (13-26)$$

在第 i 个采样点处，其非高斯模型对第 q 个变量的预测误差的样本三阶累积量的具体形式如下式所示：

$$he_q(i) = \mathbf{e}_q(i)\mathbf{e}_q(i-1)\mathbf{e}_q(i-2) = \mathbf{l}_q\mathbf{K}(i)\mathbf{l}_q\mathbf{K}(i-1)\mathbf{l}_q\mathbf{K}(i-2)$$

$$(13-27)$$

其中 l_q 是 L_p 的第 q 行，$q=1,2,\cdots,d$。为了监测所有预测误差的三阶累积量，HCA 的另一个监测指标定义为：

$$HE_p(i) = \sum_{q=1}^{m} |he_{pq}(i)| \qquad (13-28)$$

它们的监测控制限通过核密度估计求得，分别定义为 HS_{limit} 和 HE_{limit}，具体的计算流程参见文献 [17-23]。

13.2.2 在线监测

高阶累积量在线统计量的构建，具体形式如下式所示：

$$hs_{\text{new}}(i) = \mathbf{s}_{\text{new}}(i)\mathbf{s}_{\text{new}}(i-1)\mathbf{s}_{\text{new}}(i-2) = \mathbf{w}_p\overline{\mathbf{K}}_{\text{new}}(i)\mathbf{w}_p\overline{\mathbf{K}}_{\text{new}}(i-1)\mathbf{w}_p\overline{\mathbf{K}}_{\text{new}}(i-2)$$

$$(13-29)$$

$$HS_{\text{new}}(i) = \sum_{p=1}^{d} |hs_{\text{new},p}(i)| \qquad (13-30)$$

$$he_{\text{new}}(i) = \mathbf{e}_{\text{new}}(i)\mathbf{e}_{\text{new}}(i-1)\mathbf{e}_{\text{new}}(i-2) = \mathbf{l}_q\mathbf{K}(i)\mathbf{l}_q\mathbf{K}(i-1)\mathbf{l}_q\mathbf{K}(i-2)$$

$$(13-31)$$

$$HE_{\text{new}}(i) = \sum_{q=1}^{m} |he_{\text{new},q}(i)| \qquad (13-32)$$

整个基于子阶段的 sub-MKEICA 统计建模及在线实施算法如图 13-2 所示。该方法首先利用本章的改进 AT 变量展开方法将三维历史数据展开为二维数据矩阵形式，然后再利用 KECA 对其进行白化处理，在白化得分矩阵里进行阶段划分，将生产过程划分为 C 个稳定阶段和 D 个过渡阶段，由于经 KECA 白化处理后的数据已经利用核技巧将其映射到高维核熵空间后变得线性可分，因此可以把线性 ICA 方法扩展到非线性领域，用 ICA 对稳定阶段和过渡阶段进行分解，分解为稳定阶段独立元空间和残差空间，过渡阶段独立元空间和残差空间。在两个子空间内分别构建三阶累积监测统计量 HS_n 和 HE_n，利用核密度估计两者的监测控制限，之后将控制限用于过程的在线监测，这里的下标 n 代表生产过程对应的操作阶段；将采集到的新时刻在线数据 x_{new} 进行标准化，将标准化后的数据投影到核熵空间进行阶段归属判断后，用 ICA 将

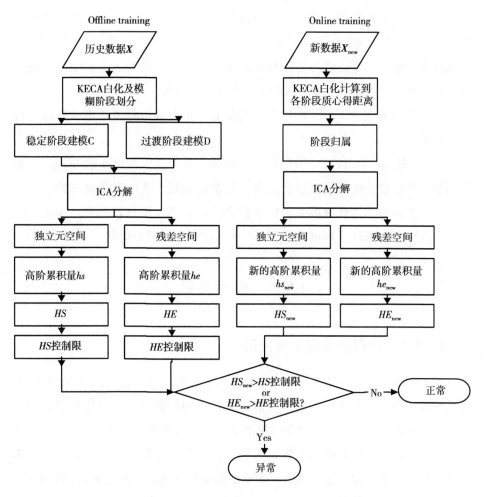

图 13 - 2 基于 Sub - MKEICA 模型的过程监测流程图

Fig. 13 - 2 Flow chart of sub - MKEICA algorithm

在线新时刻的核熵空间分解为在线独立元空间和在线残差空间，在两个在线独立元空间和在线残差空间内计算对应的监测统计量 HS_{new} 和 HE_{new}，判断其是否超出监测控制限。如果新时刻的统计量没有超出监测控制限，表明生产过程没有异常情况发生；如果新时刻的统计量任意一个或者两个都超出监测控制限，则可以判断此时的生产过程出现异常，需要对其进行故障变量追溯。针对传统 MKICA 监测方法所构建的监测统计量为二阶统计量的不足，提出了三阶累积量的监测统计量用于过程监测，旨在克服传统统计量在监测时存在较高误报警和漏报警的问题，改善故障监测的可靠性和灵敏度。由于各种各样的原因，实际间歇过程不可能完全地重复生产，每次过渡阶段时长不等，在线过渡数据很有可能会与建模数据不等长。处理此类问题的常用方法是压缩或拉伸数据，本小节给出一种简单的方法进行处理：

（1）当过渡过程具有子阶段指示变量时，可直接根据模态指示变量进行模态选择；

（2）当过渡过程没有子阶段指示变量时，从一进入过渡阶段开始，首先调用第一个过渡子阶段模型进行监测，模型超限后，依次调用剩下的过渡子阶段监测模型以及过渡阶段结束后的稳定阶段监测模型进行监测。如果对应所有阶段模型的统计量均超出控制限，那么给出故障报警信号。

13.3　算法验证

13.3.1　青霉素仿真平台应用

在本节中我们采用第2章中介绍的青霉素发酵仿真平台 PenSim V2.0 作为算法测试平台，对本章提出的监测策略进行全面的测试。这里仿真实验的主要目的是证明下列观点：①基于阶段的过程数据具有非高斯特性；②基于阶段建立的监测模型具备有效的故障监测能力；③基于高阶累积量建立阶段监测统计量具有准确的故障监测性能。本章思路来源于间歇生产过程数据分阶段、非高斯、非线性的特性的考虑，引入子阶段局部建模的思想，建立子阶段 MKEICA 监测模型，同时引入高阶累计监测统计量用于过程故障的监测。

为此，本章首先验证各个子阶段数据的非高斯性。图 13－3、图 13－4、

图 13 − 5、图 13 − 6、图 13 − 7 所示为阶段正态验证，正态分布的主要特征如下：

（1）集中性：正态曲线的高峰位于正中央，即均数所在的位置。

（2）对称性：正态曲线以均数为中心，左右对称，曲线两端永远不与横轴相交。

（3）均匀变动性：正态曲线由均数所在处开始，分别向左右两侧逐渐均匀下降。

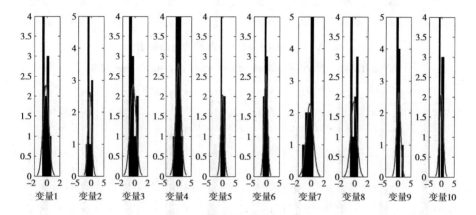

图 13 − 3　稳定时段 1 内数据的正态检验

Fig. 13 − 3　Normality tests data within the stable period 1

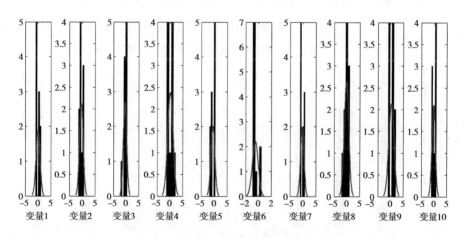

图 13 − 4　稳定时段 2 内数据的正态检验

Fig. 13 − 4　Normality tests data within the stable period 2

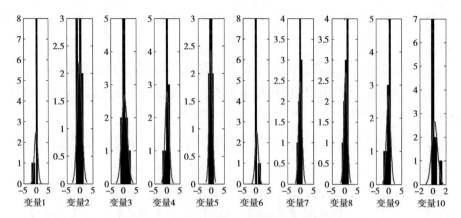

图 13 − 5　稳定时段 3 内数据的正态检验

Fig. 13 − 5　Normality tests data within the stable period 3

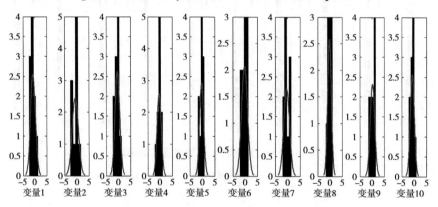

图 13 − 6　过渡时段 1 内数据的正态检验

Fig. 13 − 6　Normality test data within the transition period 1

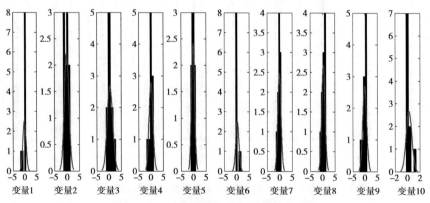

图 13 − 7　过渡时段 2 内数据的正态检验

Fig. 13 − 7　Normality test data within the transition period 2

由以上各个阶段的正态检验图可知，各变量基本上很难满足上述正态分布的特征，故过程具有非高斯特性。综上所述，如稳定阶段和过渡阶段的正态检验图所示，两种阶段内的数据都具有非高斯特性，同时为了验证模型的有效性，建模用的过程变量参照表12-1，本章实验用的过程故障数据描述见表13-1。

表 13 - 1　仿真中用到的故障类型
Table 13 - 1　Fault types introduced in process

序号	变量名称	故障类型	幅度	时间（h）
批次 1	搅拌功率	斜坡扰动	2.0%	200 ~ 400
批次 2	补料速率	阶跃扰动	15.0%	200 ~ 250

在验证非高斯性之后，对不同的运行状况进行了仿真验证，并在监测性能方面与 MKICA、MKEICA 方法进行了比较，其中 MKICA 和 MKEICA 方法采用填充当前值的方法对未来值进行估计。由于 MKICA 和 MKEICA 方法要求批次长度相同，因而在建模时将 50 个批次长度按照 DTW 的拉伸、收缩技术统一为 400h。采用负熵阈值的方法确定 MKICA 的独立元个数为 17；采用累计核熵贡献率方法确定 MKEICA 的独立元个数为 10；采用累计核熵贡献率方法确定 3 个稳定子阶段 MKEICA 的独立元个数分别为 9、10、9，2 个过渡阶段 MKEICA 的主元个数分别为 12 和 14。

首先引入表 13 - 1 中的第一种故障，针对搅拌功率，在 200h 处引入斜率为 0.002 的斜坡扰动，直到反应结束。由图 13 - 8（a）可知，在 MKICA 方法的 T^2 和 SPE 监测图中，监测独立元空间的 T^2 统计量和监测残差空间的 SPE 统计量在发酵开始阶段均出现超过 99% 控制限的误报现象，且误报率较高。图 13 - 8（b）为 MKEICA 方法的 HS 和 HE 监测图，图中显示，独立元空间的高阶累积监测统计量 HS 和残差空间的高阶累积监测统计量 HE 虽然在发酵开始阶段均出现超出控制限的误报警现象，但是就前 200h 正常阶段的误报率来看，MKEICA 方法的故障误报率要低于 MKICA 方法，其原因在第 3 章已经进行了详细分析，在这里只做简单介绍，具体分析参见第 3 章的实验分析部分。MKEICA 与 MKICA 相比具有两个方面的优势，其一是 MKEICA 利用 KECA 进行原始数据的白化处理，依据核熵值的大小对映射到高维空间后的数据进行特征提取，使得转换后的数据保持着原始数据的聚类结构，而传统 MKCIA 方法利用 KPCA 进行原始数据白化处理，并依据特征值的大小进行特征提取，忽略了数据的聚类特性。其二是 MKEICA 所用的监测统计量为高阶累计统计量，优于传统 MKICA 所用的二阶统计量。但是以上 MKICA 和 MKEICA 方法

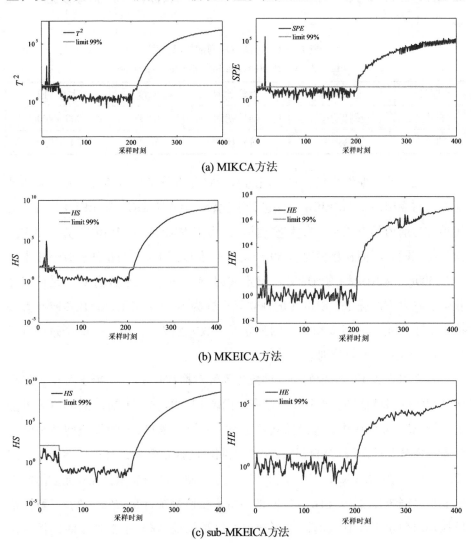

(a) MIKCA方法

(b) MKEICA方法

(c) sub-MKEICA方法

图 13-8　采用 MKICA、MKEICA 和本章方法监测测试批次 1 的结果

Fig. 13-8　Monitoring results using MKICA，MKEICA and
the proposed method for test batch 1

都是进行整体建模，这些方法均是将一个完整的间歇过程批次的所有过程数据当作一个整体建立统计模型，忽视了间歇生产中的多阶段局部过程行为特征，很难揭示间歇过程变量之间相关关系的变化，将其应用在过程故障的监测中会出现大量漏报警的情况，有些甚至失去监测性能。分析可知，基于MKPCA 和 MKEICA 的监测方法在微生物发酵的开始阶段因其机理特性具有明显的特征，导致监测性能不佳，存在较多误报警现象，而基于多阶段的监测模型充分考虑了生产过程的阶段特性，在每一个阶段内构造与其对应的监测统计量和监测控制限，能够更好地描述间歇生产过程的局部特征，既不会出现模型针对过程描述不清的现象，也不会造成整体监测控制限过松的结果，可提高模型的监测精度，有效降低模型的误报率和漏报率。本章方法的监测效果如图 13 - 8（c）所示，在 200h 之前的正常工况下没有超出监测控制限，同时其 HS 监测图在 206h 附近超出监测控制限，HE 监测图在 203h 附近超出监测控制限，可以及时发现故障。

引入表 13 - 1 中第二种故障，该故障批次为底物补料速率在 200 ~ 250h 加入阶跃扰动使补料速率下降 15%，直到反应结束。由图 13 - 9 可知，本章方法和 MKEICA 方法在 200h 检出故障，比传统 MKICA 方法提前了 2h，但是在发酵开始阶段，MKICA 和 MKEICA 方法仍然存在较多的误报警现象。以上两个仿真实例表明基于 sub - MKEICA 的多阶段监测模型在准确度和鲁棒性方面均优于传统 MKICA 和基于 MKEICA 的监测方法。综上所述，本章所提出的方法能较好地揭示过程变量相关关系的变化，客观反映各稳定阶段和各过渡阶段特征的多样性，有效地减少了系统的误报率和漏报率。

13.3.2　监测结果与讨论

通过仿真平台的应用表明，本章方法在监测斜坡型扰动的故障方面，其发现故障的能力优于 MKICA 方法和 MKEICA 方法，尤其是在正常阶段，本章方法没有发生故障的误报警现象。采用实验验证本章方法、MKICA 和 MKEICA 方法，面对阶跃类型的故障，三种方法发现故障的能力相当。综上所述本章方法在监测性能方面优于 MKICA 和 MKEICA 方法。

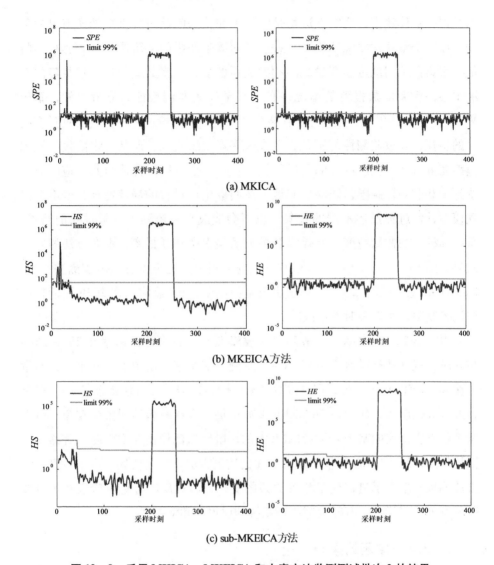

(a) MKICA

(b) MKEICA方法

(c) sub-MKEICA方法

图 13 – 9 采用 MKICA、MKEICA 和本章方法监测测试批次 2 的结果

Fig. 13 – 9 Monitoring results using MKICA, MKEICA and

the proposed method for test batch 2

13.3.3 使用实际生产数据进行验证

这里实验的主要目是证明下列观点：①基于阶段的实际生产过程数据具有非高斯特性；②基于阶段建立的监测模型具备有效的故障监测能力；③基于

高阶累计量建立阶段监测统计量具有准确的故障监测性能。本章给出的方法在北京某生物制药公司基因重组大肠杆菌外源蛋白表达制备白介素－2的发酵过程监测中进行了应用，具体的描述参考3.4.3小节。为验证本章监测方法的可行性和有效性，在监测性能方面与MKICA和MKEICA方法进行比较，工业重组大肠杆菌制备白介素－2的发酵过程是一个典型的多阶段工业间歇过程，主要阶段包括不补充添加营养成分的菌种培养准备阶段、补充营养成分的菌种生长阶段、产物菌种诱导合成阶段等。整个微生物发酵的周期大约为20h，其中第一阶段5~6h，为摇床培养菌体接种后的菌种生长的适应准备期；第二阶段3~4h，该阶段需要消耗大量的营养物质，为了保证大肠杆菌快速成长所需要的营养成分，需要持续不断地补充糖源或者补充氮源，使得微生物发酵罐中的糖浓度保持较高的水平；在第三阶段中，为了有利于外源蛋白的表达，糖浓度的含量必须保持在中等水平。微生物发酵过程的采样时间间隔为0.5h，初始接种量为700mL。选取50个正常批次作为初始模型参考数据库，得到不等长的三维数据矩阵X $[50 \times 6 \times (38 \sim 40)]$，利用DTW技术使得历史建模的数据长度统一为$X$ $(50 \times 6 \times 39)$。按照第4章的阶段划分的方法对其进行阶段划分，各阶段数据划分为X_1 $(50 \times 6 \times 5)$、X_2 $(33 \times 6 \times 2)$、X_3 $(33 \times 6 \times 4)$、X_4 $(33 \times 6 \times 4)$、X_5 $(33 \times 6 \times 15)$，各个阶段内数据的非高斯性验证如图13－10、图13－11、图13－12、图13－13、图13－14所示，结合正态分布的主要特征及以上各个阶段的正态检验图可知，基本上很难满足正态分布特征，故过程具有非高斯特性。

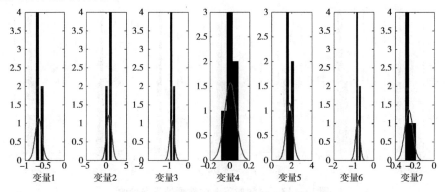

图13－10　稳定时段1内数据的正态检验

Fig. 13－10　Normality tests data within the stable period 1

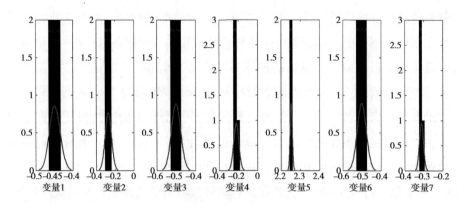

图 13 - 11　稳定时段 2 内数据的正态检验

Fig. 13 - 11　Normality tests data within the stable period 2

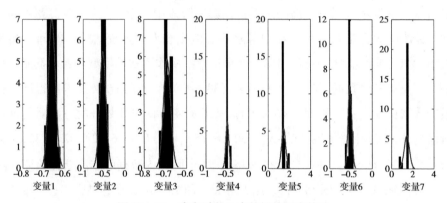

图 13 - 12　稳定时段 3 内数据的正态检验

Fig. 13 - 12　Normality tests data within the stable period 3

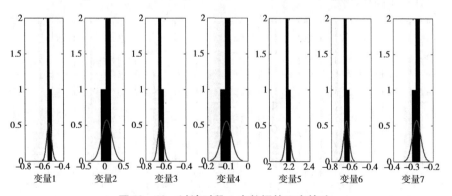

图 13 - 13　过渡时段 1 内数据的正态检验

Fig. 13 - 13　Normality tests data within the transittional period 1

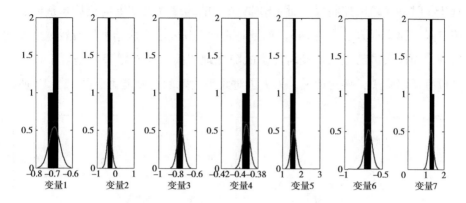

图 13 – 14　过渡时段 2 内数据的正态检验

Fig. 13 – 14　**Normality tests data within the transittional period 2**

13.3.4　监测结果与讨论

为验证本章提出方法的可行性和有效性，在监测性能方面与 MKICA 和 MKEICA 方法进行比较，依据 MKICA 的建模结果通过负熵阈值的方法确定独立元个数为 16，依据 MKEICA 的建模结果通过负熵阈值的方法确定独立元个数为 9，而分阶段 MKEICA 的稳定阶段的主元个数为 9、10、9，过渡阶段的独立元个数为 13、15。对故障类型 1 的批次进行监测的结果如图 13 – 15 所示。该故障批次为搅拌功率在 15h 加入斜率为 0.002 的斜坡扰动直到反应结束。通常来说，搅拌功率是影响溶氧的主要因素，减小搅拌功率，会引起培养基中溶氧的下降，导致菌体生长速度的减慢和青霉素产率的降低。由图 13 – 15 可知，本章所提方法在 15h 几乎在故障发生的同时就指示了异常情况的发生，比 MKEICA 方法和 MKICA 方法分别提前了大约 1h 和 4h。但是在 MKICA 方法的 T^2 监测图中显示其存在大量的误报警和漏报警现象，对此类故障基本失去监测性能，而 MKICA 方法的 SPE 图在 25h 时刻后才整体超出控制限，比本章所提方法发现故障的时间滞后 5h。图 13 – 16 给出了对故障类型 2 的批次进行监测的结果。该故障批次为底物补料速率在 200 ~ 250h 加入阶跃扰动使补料速率下降了 15%，直至反应结束。由图 13 – 16 可知，本章所提方法和 MKEICA 方法在 15h 几乎在故障发生的同时就指示了异常情况的发生。但是在 MKICA 方法的 T^2 监测图中所示其存在大量的误报警和漏报警现象，直到 28h 时刻才超出控制限，而 MKICA 方法的 *SPE* 图在 37h 时刻后才整体超出控制限，比本章方法滞后 24h，单是此故障直到发酵反应结束的最后时刻才被发现，操作人员已经来不及对此类故障处理，故虽说有报警但是对于过程监测没有任何意义，换句话说，失去了对此类故障的监测能力。图 13 – 17 所示

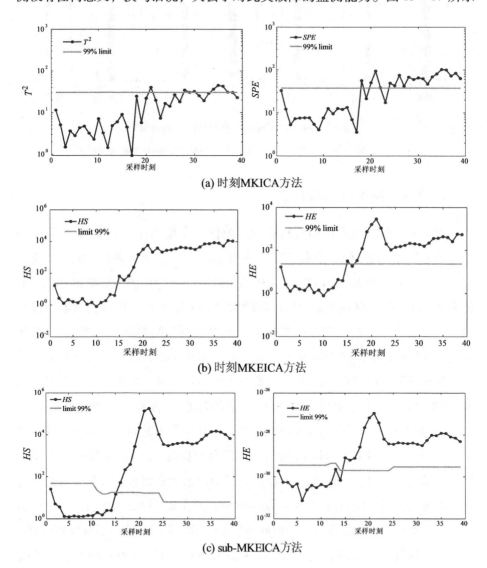

(a) 时刻MKICA方法

(b) 时刻MKEICA方法

(c) sub-MKEICA方法

图 13 – 15 采用 MKICA、MKEICA 和本章方法监测测试批次 1 的结果

Fig. 13 – 15 Monitoring results using MKICA，MKEICA and

the proposed method for test batch 1

为对故障类型3的批次进行监测的结果。该故障批次为底物补料速率在15h加入阶跃扰动使补料速率下降15%，直到反应结束。由图13-17可知，本章方法在15h检出故障，比MKICA方法提前了10h，比MKEICA方法提前了

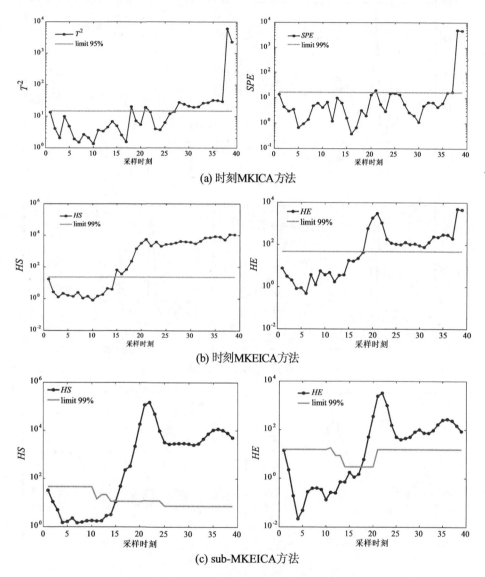

(a) 时刻MKICA方法

(b) 时刻MKEICA方法

(c) sub-MKEICA方法

图 13-16　采用 MKICA、MKEICA 和本章方法监测测试批次 2 的结果

Fig. 13-16　Monitoring results using MKICA, MKEICA and

the proposed method for test batch 2

8h。且在 MKICA 方法的 T^2 图中，有大量的报警现象并且在 23~32h 对于故障全部漏报，SPE 图中在 22~33h 对于故障失去监测能力，出现全部漏报警现象。

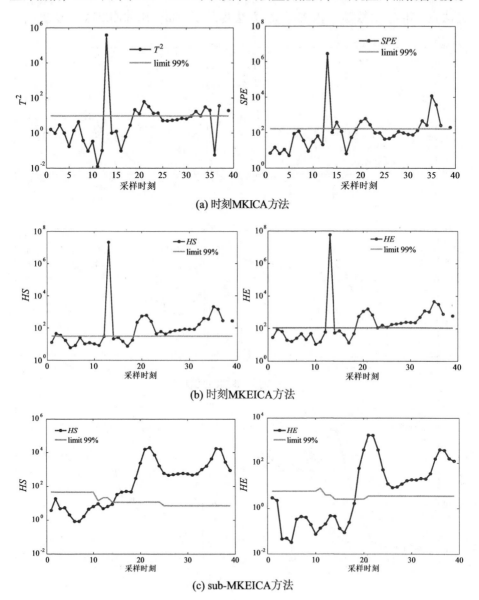

(a) 时刻MKICA方法

(b) 时刻MKEICA方法

(c) sub-MKEICA方法

图 13-17　采用 MKICA、MKEICA 和本章方法监测测试批次 3 的结果

Fig. 13-17　Monitoring results using MKICA，MKEICA and

the proposed method for test batch 3

由以上深入分析可知，由于 MKICA 和 MKEICA 方法是将完整的生产批次的数据作为一个整体来处理，不能体现间歇过程的多阶段局部特征，将会导致其单一的过程监测模型不能准确、完整地描述出所有生产过程的阶段信息；或者是过程监测模型涵盖生产过程的所有阶段，而监测控制限宽松，最终导致在间歇生产过程的某些阶段内出现故障也不能及时报警，或出现大量故障的漏报警现象。综上可见，间歇生产过程的过渡相关特性对监测结果有较大影响，必须加以关注。以上三个仿真实例表明基于 sub – MKEICA 的多阶段监测模型在准确度和鲁棒性方面均优于 MKICA 和 MKEICA 方法。

通过在以上工业实际发酵过程中的应用表明，本章提出的基于 MKEICA 的多阶段监测方法可有效降低生产过程故障的误报率和漏报率，实现对工业大肠杆菌发酵过程的监测，保障生产过程的安全、可靠运行，减少故障的发生，可为制造业降低生产成本，满足社会对制造业低碳环保的要求。

13.4　本章小结

针对间歇过程多阶段、非线性、非高斯性的问题，提出一种基于多阶段 MKEICA 的监测算法，该方法首先分析了大多数间歇过程具有的一些固有特性，如多阶段性，批次轨迹不同步，过渡过程的非线性、非高斯性等，认为这些特性不能孤立地来考虑。之后讨论了基于单一模型的传统 MKICA、MKE-ICA 方法在多阶段过程监测中存在的一些无法克服的问题。在此基础上，提出一种全新的多阶段软过渡 sub – MKEICA 的过程监测方法。该方法克服了相邻子类之间边界的错误划分以及过渡阶段过程的非线性、非高斯性等问题，提高了生产过程监测模型的监测精度，保证了生产过程安全、低碳环保和产品质量达标。当实际的生产过程从一个稳定操作阶段过渡到下一个稳定操作阶段时，可有效降低过程监测模型对过渡阶段过程故障的误报率。在青霉素发酵仿真平台及实际工业制备大肠杆菌的发酵过程中的应用结果表明，该过程监测方法能够更好地揭示过程的运行状况和变化规律，对于解决间歇过程多阶段监测难的问题，具有一定的实用价值。

第14章 总结与展望

14.1 总 结

本书以发酵过程为研究对象，研究基于数据驱动的发酵过程多元统计过程监测方法，针对发酵过程的多阶段特性以及过渡阶段动态相关性等特点展开研究，在传统监测方法基础上，实现了更为合理的发酵过程阶段软化分，建立了更为行之有效的过程监测模型，同时解决了在线采样点最佳监测模型的选择问题，最终将所研究方法应用于实践，验证了书中理论研究的有效性。本书所取得的主要研究成果分述如下：

（1）基于仿射传播聚类的批次加权阶段软化分

针对多阶段发酵过程，深入分析稳定阶段和过渡过程的关系，在当前 AP 以单批次实现阶段硬化分基础上，采用反距离加权法对多批次过程数据进行加权融合，使加权后的批次数据可以表征出慢时变发酵过程所包含的过渡特性，并随之采用 *Silhouette* 准则评价 AP 阶段初步硬化分的聚类效果，同时给出样本点阶段归属的不合理程度即 $1 - Silhouette(i)$ 的值，迭代求取不合理程度的控制限，结合单变量控制图实现过渡阶段的辨识，完成发酵过程的阶段软化分。

（2）基于信息传递的采样点阶段归属判断

分阶段建模是提高发酵过程监测性能的有效手段，在前文阶段合理划分基础上，如何实现在线采样点最佳监测模型的选取是面临的重要议题。本书破除传统以时刻对应关系将在线采样点归于离线划分阶段的弊端，引入了 AP 聚类算法中的吸收度和归属度信息用于阶段归属判断。该方法用于阶段归属判断时所传递的信息与离线阶段划分时的信息一致，从而可以在最大程度上保证采样点与最终归属类集中数据特征的相近性，从而确保最佳监测模型的选择。

（3）基于子阶段自回归主元分析的发酵过程在线监测

阶段划分给出了发酵过程的子阶段，每个不同阶段的过程数据体现出各自彼此不同的数据特性，稳定阶段过程数据特征变化平稳，而过渡阶段变量间表现出了强烈的动态相关性，对此书中特别针对过渡阶段的变量动态性建立 AR 模型，用以消除变量间相关关系对过程监测的不利影响，有效降低了在线监测时的误报率和漏报率。

（4）基于 KPCA – PCA 的多阶段间歇过程监控策略

在前两章对 PCA 和 KPCA 方法进行深入研究的基础上，提出一套完整的基于 KPCA – PCA 的多阶段间歇过程故障监控策略。该策略以每个时刻的数据矩阵相似度作为聚类输入，采用模糊聚类算法实现阶段划分，根据模糊隶属度辨识相邻阶段间的过渡过程，最后对稳定阶段和过渡过程分别建立改进的 MPCA 和 MKPCA 监控模型。该方法能比较客观地揭示出稳定阶段及过渡过程的特征多样性，较好地解决存在于过渡过程的多阶段监控问题。对数值实例、青霉素发酵过程的仿真平台及工业应用研究表明，该方法具有比较可靠的监控性能，能及时、准确地检测出过程中存在的异常情况。

（5）基于 GMM – DPCA 的非高斯过程故障监控

在前文基础上，提出一种基于多元高斯混合模型（GMM）的多阶段动态监控策略，以克服 PCA 方法不能有效处理非高斯数据分布及时序相关性等问题。该方法首先采用 GMM 对过程数据进行聚类，获取工况和阶段分布特性；其次，针对各阶段轨迹不同步的问题，采用动态时间错位（DTW）方法对各阶段进行轨迹同步，之后，对各子阶段建立动态 PCA 模型；最后，将其应用于重组大肠杆菌制备白介素 – 2 发酵过程的监控中，结果显示所提方法能较好地处理过程的非高斯分布数据，验证了算法的有效性。

（6）基于多阶段 MKECA 的过程监测方法

针对间歇过程多阶段、非线性的问题，提出了一种基于多阶段 MKECA 的过程监测方法。在对 MKECA 方法进行深入研究的基础上，提出一套完整的基于 sub – MKECA 的多阶段间歇过程故障监测策略，该方法首先把三维数据按照时间片展开策略展开为新的二维数据；其次根据各时间片的数据进行 KECA 数据转换，然后依据核熵的大小对生产过程进行阶段粗划分，在粗划分的基础上利用扩展核熵负载矩阵进行阶段细化分，将生产操作过程划分为稳定阶段和过渡阶段，并分别建立监测模型对生产过程进行监测；最后通过对青霉素发酵仿真平台的应用，表明采用 sub – MKECA 阶段划分结果能很好地反映间歇过程的机理，并且对于间歇过程的多阶段过程监测的结果表明其可以及时、准确地发现故障，具有较高的实用价值。

（7）基于多阶段 MKEICA 的监测方法

针对间歇过程多阶段、非线性、非高斯性共存的监测算法研究，提出一种基于多阶段 MKEICA 的监测方法，该方法首先分析了大多数间歇过程普遍具有的一些固有特性，如多阶段性，批次轨迹不同步，过渡过程的非线性、非高斯性等，这些特性往往不能孤立地来考虑。之后讨论了基于单一模型的传统 MKICA 方法、MKEICA 方法在多阶段过程监测中存在的一些无法克服的问题。为了解决传统 MKICA 方法不能有效处理间歇过程数据的多阶段特性，提出一种结合 MKEICA 的多阶段监测策略。该方法的主要思想是利用 KECA 对过程数据进行阶段划分，由于使用 KECA 对数据进行划分后其数据在核熵空间呈现非高斯特性，故引入 ICA 对其进行分解，并引入高阶累计量再构造新的监测统计量以更好地捕获过程数据的高阶信息，基于 KECA 划分操作阶段建立 ICA 模型对于解决非高斯分布问题是合理和可行的。将该方法应用于青霉素发酵过程的仿真平台和工业大肠杆菌制备白介素 – 2 的发酵过程监测中，结果显示该方法能较好地处理过程的非高斯分布数据，在一定程度上克服了时序相关性对监测性能的影响。通过青霉素发酵仿真平台及实际发酵工业生产过程的应用表明该策略能更好地揭示过程的运行状况和变化规律，对于解决多阶段间歇过程的故障监测问题，具有一定的实用价值。

14.2　展　望

发酵过程仿射传播聚类自回归主元分析在线监测针对多阶段特性及过渡阶段的动态特性，研究实现了批次加权的 AP 聚类阶段软化分、在线采样点阶段归属的合理判断以及 AR 模型对变量动态性的消除，并通过实验验证了方法的有效性。但在获得良好性能的同时，本书的研究依然存在以下不足及待改进之处：

（1）AP聚类算法中关键参数参考度P的选取具有局限性

参考度P的存在直接决定了AP聚类算法最终获得聚类类集的个数，本书介绍了依据聚类评价指标间接指导选取参考度P的方法，但该种选取方式的局限性在于需要先设定P的取值范围，然后在该范围中通过不断重复聚类过程以及重复计算聚类评价指标，从中选取使得聚类评价指标较大的参考度值作为最终设定值，并不具备通用的理论性。如何构造有效的目标函数，通过必要的优化操作确定最优的参考度P有待进一步研究。

（2）建立统计监测模型面临的数据批次不等长问题

在实际发酵生产过程中，生产条件以及外部环境的不同，导致了每一生产批次内部阶段的不统一，最终造成了各批次周期的不一致，即现实存在的阶段不等长及批次不等长问题。阶段不等长问题可以采取合理的阶段归属判断方法得以解决，但批次不等长问题却制约了监测模型的建立。如何将不等长数据进行合理的插值补充或截取，使其对监测模型误差的影响实现最小化是值得深入研究的方向。

（3）依赖物理时刻顺序的聚类结果

批次加权阶段软化分给出的阶段划分结果与传统方法一样依然是依赖于物理时刻的，即每一阶段的截取划分均要首先保证时刻顺序的连续性，这在很大程度上限制了各采样点找寻与其数据特征或相关关系最为相近的聚类中心。对此，文中为破除时刻对最佳聚类结果的不利影响，提出了乱序聚类思想，并做了初步探究，同时建立了子集监测模型并获得了较好的监测性能，但是该思想尚不成熟，有待进一步完善。

（4）在线生产故障批次的阶段归属判断

阶段归属判断问题是分阶段建模不可避免的问题，本书针对传统方法直观依据时刻对应关系进行阶段归属判断以及在线判断与离线划分标准不一致的缺陷，提出了基于信息传递的采样点阶段归属判断新方法，该方法对在线正常生产批次的阶段归属判断可以获得良好的结果，进而得到良好的监测性能。然而，由于在线故障批次的采样点幅值在原有幅值基础上产生了较大的波动，也就是说故障样本与聚类中心之间的距离是随机不定的，因此所提方法在用于故障批次采样点阶段归属判断时效果并不是很理想，对此本书对故障批次的模型选择也是依据对应正常生产批次的阶段归属结果进行的，这样的做法依然存在着不确切的影响。所以，针对故障批次的信息传递阶段归属判断还有待进一步的讨论和发展。

（5）数据预处理问题

实际多模态工业过程中，由于测量数据受各种干扰因素影响，采集到的数据通常会出现奇异点、数据缺失、数据不对整等现象，例如，由于某个传感器出现问题，变量由正常值瞬间变为零；或者由于温度、压力、流量等变量可以快速采样，而平均分子量、浓度、pH等变量由于实际采样频率不同，导致数据频率不一致等问题。所以对于实际测量数据进行统计建模前需要进行信号提炼，只有有效地区分测量噪声和正常生产状态数据，提炼出能够真正表征过程实际运行状况的建模数据，才能有效地实现模态识别、建立准确的过程监测模型。

（6）非线性问题

目前基于核技术（kernel）解决非线性问题的方法已引起人们的关注。核技术的基本思想是借助隐性的非线性映射将原始的非线性输入空间变换到一个高维的线性特征空间，采用核技巧，可以在这个高维空间中利用线性方法进行特征提取。本书只考虑基于KECA的非线性过程的监测问题，针对数据的线性与非线性分布检验问题没有过多的涉猎。如何有效实现对数据的线性、非线性进行检验，如何结合数据的正态分布与线性分布选择正确的特征提取方法都是需要继续研究的内容；此外，目前多核学习理论已经日渐成熟，如何将核方法与多核技术相结合，也是需要重点关注的研究方向。

（7）故障诊断问题

由于MKPCA、MKPLS和MKICA等方法只能进行简单的故障诊断，即只能找出对故障贡献较大的变量，而不能真正地确定故障类型。因此在故障诊断时，可以考虑将MKPCA、MKPLS和MKICA等过程监测方法与符号向量图、专家系统、故障树等定性故障诊断方法有效结合起来。利用定量方法可以有效地分析变量的概率统计特性，得到过程内在的驱动信息源，从而在本质上描述过程特征的优点，再利用定性方法能够有效地表达系统复杂因果关系且包含大量模型信息的优点，最终诊断出系统故障的根源。这对于指导现场操作人员排除故障、及时恢复正常生产具有极大的实际应用价值。

（8）模型迁移问题

随着工业大数据时代的到来，越来越多的生产过程的数据得以保留，但是目前针对模型更新的有效手段不多，主要集中在训练样本的更新上，通过新的训练样本可以涵盖最新的生产过程特征，具有一定的实际意义。但是由于目前监测方法的局限性，新的样本很有可能含有故障，如果用含有故障的样本去更新监测模型，势必造成新的监测模型对故障不敏感，其至会把正常工况误认为异常，如何将机器学习与数据挖掘相结合来实现模型的更新是未来另一个值得研究的方向。

参 考 文 献

［1］周东华. 数据驱动的工业过程故障诊断技术［M］. 北京：科学出版社，2011.

［2］赵春晖，王福利，姚远，等. 基于时段的间歇过程统计建模、在线监测及质量预报［J］. 自动化学报，2010，36（3）：366 - 374.

［3］TONG C, PALAZOGLU A, YAN X. An Adaptive Multimode Process Monitoring Strategy Based on Mode Clustering and Mode Unfolding［J］. Journal of Process Control, 2013, 23（10）: 1497 - 1507.

［4］SUN W, MENG Y, PALAZOGLU A, et al. A Method for Multiphase Batch Process Monitoring Based on Auto Phase Identification［J］. Journal of Process Control, 2011, 21（4）: 627 - 638.

［5］A J. The Control of Fed - batch Fermentation Processes - A Survey［J］. Automatica, 1987, 23（6）: 691 - 705.

［6］S Y, X D S, H A S A, et al. Data - driven Monitoring for Stochastic Systems and Its Application on Batch Process［J］. International Journal of Systems Science, 2013, 44（7）: 1366 - 1376.

［7］KADLEC P, GRBIĆ R, GABRYS B. Review of Adaptation Mechanisms for Data - driven Soft Sensors［J］. Computers & Chemical Engineering, 2011, 35（1）: 1 - 24.

［8］NOMIKOS P, MACGREGOR J F. Monitoring Batch Processes Using Multiway Principal Component Analysis［J］. AIChE Journal, 1994, 40（8）: 1361 - 1373.

［9］KOURTI T, MAEGREGOR J F. Process Analysis, Monitoring and Diagnosis, Using Multivariate Projection Methods［J］. Chinese Science Bulletin,

1993, 38 (17): 3.

[10] R NNAR S, MACGREGOR J F, WOLD S. Adaptive Batch Monitoring Using Hierarchical PCA [J]. Chemometrics and Intelligent Laboratory Systems, 1998, 41 (1): 73 – 81.

[11] QIN S J. Survey on Data – driven Industrial Process Monitoring and Diagnosis [J]. Annual Reviews in Control, 2012, 36 (2): 220 – 234.

[12] 赵春晖. 多时段间歇过程统计建模、在线监测及质量预报 [D]. 沈阳: 东北大学, 2008.

[13] 解翔. 基于统计理论的多模态工业过程建模与监控方法研究 [D]. 上海: 华东理工大学, 2013.

[14] 齐咏生. 基于数据驱动的间歇过程监控与故障诊断研究 [D]. 北京: 北京工业大学, 2011.

[15] DOAN X, SRINIVASAN R. Online Monitoring of Multi – phase Batch Processes Using Phase – based Multivariate Statistical Process Control [J]. Computers & Chemical Engineering, 2008, 32 (1/2): 230 – 243.

[16] YAO Y, GAO F. A Survey on Multistage/Multiphase Statistical Modeling Methods for Batch Processes [J]. Annual Reviews in Control, 2009, 33 (2): 172 – 183.

[17] 齐咏生, 王普, 高学金, 等. 一种新的多阶段间歇过程在线监控策略 [J]. 仪器仪表学报, 2011, 32 (6): 1290 – 1297.

[18] 齐咏生, 王普, 高学金. 基于核主元分析 – 主元分析的多阶段间歇过程故障监测与诊断 [J]. 控制理论与应用, 2012, 29 (6): 754 – 764.

[19] GE Z, SONG Z, GAO F. Review of Recent Research on Data – Based Process Monitoring [J]. Industrial & Engineering Chemistry Research, 2013, 52 (10): 3543 – 3562.

[20] LU N, YAO Y, GAO F, et al. Two – Dimensional Dynamic PCA for Batch Process Monitoring [J]. Aiche Journal, 2005, 51 (12): 3300 – 3304.

[21] 褚菲. 基于 BDKPCA 的间歇过程统计性能监控研究 [D]. 沈阳: 东北大学, 2009.

[22] LIN W, QIAN Y, LI X. Nonlinear Dynamic Principal Component Anal-

ysis for On – line Process Monitoring and Diagnosis ［J］. Computers & Chemical Engineering, 2000, 24: 423 – 429.

［23］赵春晖, 陆宁云. 间歇过程统计监测与质量分析 ［M］. 北京: 科学出版社, 2014.

［24］LV Z, YAN X, JIANG Q. Batch Process Monitoring Based on Just – in – time Learning and Multiple – subspace Principal Component Analysis ［J］. Chemometrics and Intelligent Laboratory Systems, 2014, 137: 128 – 139.

［25］LAI Z, XU Y, CHEN Q, et al. Multilinear Sparse Principal Component Analysis ［J］. IEEE Transactions on Neural Networks and Learning Systems, 2014, 25 (10): 1942 – 1950.

［26］VANLAER J, GINS G, VAN IMPE J F M. Quality Assessment of a Variance Estimator for Partial LeastSquares Prediction of Batch – end Quality ［J］. Computers & Chemical Engineering, 2013, 52: 230 – 239.

［27］STUBBS S, ZHANG J, MORRIS J. Multiway Interval Partial Least Squares for Batch Process Performance Monitoring ［J］. Industrial and Engineering Chemistry Research, 2013, 52 (35): 12399 – 12407.

［28］GE Z, SONG Z, ZHAO L, et al. Two – level PLS Model for Quality Prediction of Multiphase Batch Processes ［J］. Chemometrics and Intelligent Laboratory Systems, 2014, 130: 29 – 36.

［29］史仲平, 潘丰. 发酵过程解析、控制与检测技术 ［M］. 北京: 化学工业出版社, 2010.

［30］LEE J, YOO C, LEE I. Statistical Process Monitoring with Independent Component Analysis ［J］. Journal of Process Control, 2004, 14 (5): 467 – 485.

［31］王姝. 基于数据的间歇过程故障诊断及预测方法研究 ［D］. 沈阳: 东北大学, 2010.

［32］LU N, GAO F. Stage – Based Process Analysis and Quality Prediction for Batch Processes ［J］. Industrial & Engineering Chemistry Research, 2005, 44 (10): 3547 – 3555.

［33］CAMACHO J, PICÓ J. Multi – phase Principal Component Analysis for Batch Processes Modelling ［J］. Chemometrics and Intelligent Laboratory Systems,

2006, 81 (2): 127 – 136.

[34] ZHAO C, WANG F, LU N, et al. Stage – based Soft – transition Multiple PCA Modeling and On – line Monitoring Srategy for Batch Processes [J]. Journal of Process Control, 2007, 17 (9): 728 – 741.

[35] WOLD S, KETTANEH N, FRIDÉN H K, et al. Modelling and Diagnostics of Batch Processes and Analogous Kinetic Experiments [J]. Chemometrics and Intelligent Laboratory Systems, 1998, 44 (1/2): 331 – 340.

[36] ALSBERG B R K, WOODWARD A M, KELL D B. An Introduction to Wavelet Transforms for Chemometricians: A Time – frequency Approach [J]. Chemometrics and Intelligent Laboratory Systems, 1997, 37 (2): 215 – 239.

[37] KOSANOVICH K A, PIOVOSO M J. PCA of Wavelet Transformed Process Data for Monitoring [J]. Intelligent Data Analysis, 1997, 1 (2): 85 – 99.

[38] BAKSHI B R. Multiscale PCA with Application to Multivariate Statistical Process Monitoring [J]. AIChE Journal, 1998, 7 (44): 1596 – 1610.

[39] GUO M, XIE L, WANG S. Model – based Multiscale Performance Monitoring for Batch Process: IEEE International Conference on Neural Networks & Signal Processing [Z]. Nanjing: 2003.

[40] J L, C R. Adaptive Multiscale Principal Components Analysis for Online Monitoring of Wastewater Treatment [J]. Water Science and Technology, 2002, 45 (4/5): 227 – 235.

[41] LEE D S, PARK J M, VANROLLEGHEM P A. Adaptive Multiscale Principal Component Analysis for On – line Monitoring of a Aequencing Batch Reactor [J]. Journal of Biotechnology, 2005, 116 (2): 195 – 210.

[42] GENG Z, ZHU Q. Multiscale Nonlinear Principal Component Analysis (NLPCA) and Its Application for Chemical Process Monitoring [J]. Industrial & Engineering Chemistry Research, 2005, 44 (10): 3585 – 3593.

[43] 陈耀, 王文海, 孙优贤. 基于动态主元分析的统计过程监视 [J]. 化工学报, 2000, 51 (5): 666 – 670.

[44] CALLAO M P, RIUS A. Time Series: A Complementary Technique to

Control Charts for Monitoring Analytical Systems [J]. Chemometrics and Intelligent Laboratory Systems, 2003, 66 (1): 79 – 87.

[45] SIMOGLOU A, MARTIN E B, MORRIS A J. Statistical Performance Monitoring of Dynamic Multivariate Processes Using State Space Modelling [J]. Computers & Chemical Engineering, 2002, 26 (6): 909 – 920.

[46] WOLD S. Cross – validatory Estimation of The Number of Components in Factor and Principal Components Models [J]. Technometrics, 1978, 20 (4): 397 – 405.

[47] CHOI S W, LEE I. Nonlinear Dynamic Process Monitoring Based on Dynamic Kernel PCA [J]. Chemical Engineering Science, 2004, 59 (24): 5897 – 5908.

[48] KRUGER U, ZHOU Y, IRWIN G W. Improved Principal Component Monitoring of Large – scale Processes [J]. Journal of Process Control, 2004, 14 (8): 879 – 888.

[49] XIE L, ZHANG J, WANG S. Investigation of Dynamic Multivariate Chemical Process Monitoring [J]. Chinese Journal of Chemical Engineering, 2006, 14 (5): 559 – 568.

[50] FREY B J, DUECK D. Clustering by Passing Messages Between Data Points [J]. Science, 2007, 315 (5814): 972 – 976.

[51] SERÃPIAO A B S, CORRÊA G S, GONÇALVES F B, et al. Combining K – Means and K – Harmonic with Fish School Search Algorithm for data clustering task on graphics processing units [J]. Applied Soft Computing, 2016, 41: 290 – 304.

[52] GAN G, ZHANG Y, DEY D K. Clustering by Propagating Probabilities between Data Points [J]. Applied Soft Computing, 2016, 41: 390 – 399.

[53] BIROL G, ÜNDEY C, INAR A. A Modular Simulation Package for Fed – batch Fermentation: Penicillin Production [J]. Computers & Chemical Engineering, 2002, 26 (11): 1553 – 1565.

[54] ZHOU K, YANG S. Exploring the Uniform Effect of FCM Clustering: A Data Distribution Perspective [J]. Knowledge – Based Systems, 2016, 96: 76 – 83.

［55］李正泉，吴尧祥. 顾及方向遮蔽性的反距离权重插值法［J］. 测绘学报，2015，44（1）：91－98.

［56］KIM D，PARK S，CHOI J，et al. An Estimation Method for Radiation Contrast via the Inverse Distance Weighting［J］. Journal of Mechanical Science and Technology，2015，29（6）：2529－2533.

［57］LI C，CHEN Q，GU G，et al. Improved Inverse Distance Weighting Interpolation Algorithm for Peak Detection［J］. Infrared and Laser Engineering，2013，42（2）：533－536.

［58］刘鑫. 基于多阶段 MAR－PCA 的间歇过程监测研究［D］. 北京：北京工业大学，2014.

［59］张子羿，胡益，侍洪波. 一种基于聚类方法的多阶段间歇过程监控方法［J］. 化工学报，2013，64（12）：4522－4528.

［60］常鹏，王普，高学金，等. 基于核熵投影技术的多阶段间歇过程监测研究［J］. 仪器仪表学报，2014，35（7）：1654－1661.

［61］LI K，ZHU Y，YANG J，et al. Video Super－resolution Using an Adaptive Superpixel－guided Auto－regressive Model［J］. Pattern Recognition，2016，51：59－71.

［62］S H. Akaike Information Criterion［J］. Center for Research in Scientific Computation，2007.

［63］常鹏，王普，高学金，等. 基于统计量模式分析的 MKPLS 间歇过程监控与质量预报［J］. 仪器仪表学报，2014，35（6）：1409－1416.

［64］B D，F M J. Improved PLS Algorithms［J］. Journal of Chemometrics，1997，11（1）：73－85.

［65］谭帅. 多模态过程统计建模及在线监测方法研究［D］. 沈阳：东北大学，2012.

［66］S W，P G，K E，et al. Multi－way Principal Components and PLS Analysis［J］. Journal of chemometrics，1987，1（1）：41－56.

［67］ZHAO C，GAO F，WANG F. Phase－based Joint Modeling and Spectroscopy Analysis for Batch Processes Monitoring［J］. Industrial & Engineering Chemistry Research，2010，49（2），669－681.

［68］ FEI Z, LIU K. Online Process Monitoring for Complex Systems with Dynamic Weighted Principal Component Analysis ［J］. Chinese Journal of Chemical Engineering, 2016, 24 (6), 775 - 786.

［69］ LUO L J, BAO S Y, MAO J F, et al. Quality Prediction and Quality - relevant Monitoring with Multilinear PLS for Batch Processes ［J］. Chemometrics & Intelligent Laboratory Systems, 2016, 150: 9 - 22.

［70］ KERKHOF PVD, GINS G, VANLAER J, et al. Dynamic Model - based Fault Diagnosis for (bio) Chemical Batch Processes ［J］. Computers & Chemical Engineering, 2012, 40 (10), 12 - 21.

［71］ UNDEY C, ERTUNC S, CINAR A. Online Batch/Fed - batchprocess Performance Monitoring, Quality Prediction, and Variable - contribution Analysis for Diagnosis ［J］. Industrial & Engineering Chemistry Research, 2003, 42 (20): 4645 - 4658.

［72］ QIN S J. Variance Component Analysis Based Fault Diagnosis of Multi - layer Overlay Lithography Processes ［J］. ISA Transactions, 2009, 41 (9): 764 - 775.

［73］ LV Z, YAN X, JIANG Q. Batch Process Monitoring Based on Multiple - phase Online Sorting Principal Component Analysis ［J］. ISA Transactions, 2016, 64: 342 - 352.

［74］ QIN Y, ZHAO C H, WANG X Z, et al. Subspace Decomposition and Critical Phase Selection Based Cumulative Quality Analysis for Multiphase Batch Processes ［J］ . Chemical Engineering Science, 2017, 166: 130 - 143.

［75］ ZHAO C, WANG F, MAO Z. Improved Batch Process Monitoring and Quality Prediction Based on Multiphase Statistical Analysis ［J］. Industrial & Engineering Chemistry Research, 2008, 47 (3): 835 - 849.

［76］ KU W, STORER R H, GEORGAKIS C. Disturbance Detection and Isolation by Dynamic Principal Component Analysis ［J］. Chemometrics & Intelligent Laboratory Systems, 1995, 30 (1): 179 - 196.

［77］ CHEN J, LIU K C. On - line Batch Process Monitoring Using Dynamic PCA and Dynamic PLS Models ［J］. Chemical Engineering Science, 2002, 57

(1): 63 –75.

[78] WANG Z, WIEBE S, SHANG H. Fault Detection and Diagnosis of an Industrial Copper Electrowinning Process [J]. Canadian Journal of Chemical Engineering, 2016, 94 (3): 415 –423.

[79] CHOI SW, MORRIS J, LEE IB. Dynamic Model – based Batch Process Monitoring [J]. Chemical Engineering Science, 2008, 63: 622 –636.

[80] CAMACHO J, LAURI D, LENNOX B, et al. Evaluation of Smoothing Techniques in the Run to Run Optimization of Fed – batch Processes with U – PLS [J]. Journal of Chemometrics, 2015, 29 (6): 338 –348.

[81] ZHAO L, ZHAO C, GAO F. Phase Transition Analysis Based Quality Prediction for Multi – phase Batch Processes [J]. Chinese Journal of Chemical Engineering, 2012, 20: 1191 –1197.

[82] JACKSON J E. A user's Guide to Principal Components [J]. Journal of the Operational Research Society, 1992, 35 (1): 83 –85.

[83] NOMIKOS P, MACGREGOR J F. Multi – way Partial Least Squares in Monitoring Batch Processes [J]. Chemometrics & Intelligent Laboratory Systems, 1995, 30 (1): 97 –108.

[84] LEE J M, YOO C K, CHOI S W, et al. Nonlinear Process Monitoring Using Kernel Principal Component Analysis [J]. Chemical Engineering Science, 2004, 59 (1): 223 –234.

[85] CUI P, LI J, WANG G. Improved Kernel Principal Component Analysis for Fault Detection [J]. Expert Systems with Applications, 2008, 34 (2): 1210 –1219.

[86] CAI L, TIAN X, ZHANG N. A Kernel Time Structure Independent Component Analysis Method for Nonlinear Process Monitoring [J]. Chinese Journal of Chemical Engineering, 2014, 22 (11): 1243 –1253.

[87] JIANG Q, YAN X, LV Z, et al. Fault Detection in Nonlinear Chemical Processes Based on Kernel Entropy Component Analysis and Angular Structure [J]. Korean Journal of Chemical Engineering, 2013, 30 (6): 1181 –1186.

[88] WANG Y, FAN J, YAO Y. Online Monitoring of Multivariate Processes

Using Higher – Order Cumulants Analysis ［J］. Industrial & Engineering Chemistry Research, 2014, 53 (11): 4328 – 4338.

［89］FAN J, WANG Y. Fault Detection and Diagnosis of Non – linear Non – Gaussian Dynamic Processes Using Kernel Dynamic Independent Component Analysis ［J］. Information Sciences, 2014, 259: 369 – 379.

［90］GIANNAKIS G B, MENDEL J M. Cumulant – based Order Determination of Non – Gaussian ARMA Models ［J］. IEEE Transactions on Acoustics, Speech and Signal Processing, 1990, 38 (8): 1411 – 1423.

［91］GIANNAKIS G B, TSATSANIS M K. Signal Detection and Classification Using Matched Filtering and Higher Order Statistics ［J］. IEEE Transactions on Acoustics, Speech and Signal Processing, 1990, 38: 1284 – 1296.

［92］LING H, ZHIMING H. Application of Bispectral Analysis in the Nonlinear Systems ［J］. International Proceedings of Computer Science & Information Technology, 2012, 46.

［93］TUCCI G H, WHITING P A. Eigenvalue Results for Large Scale Random Vandermonde Matrices with Unit Complex Entries ［J］. IEEE Transactions on Information Theory, 2011, 57 (6): 3938 – 3954.

［94］KASSIDAS A, MACGREGOR J F, TAYLOR P A. Synchronization of Batch Trajectories Using Dynamic Time Warping ［J］. AIChE Journal, 1998, 44 (4): 864 – 875.

［95］LEE J M, YOO C K, LEE I B. Enhanced Process Monitoring of Fed – batch Penicillin Cultivation Using Time – varying and Multivariate Statistical Analysis ［J］. Journal of Biotechnology, 2004, 110 (2): 119 – 136.

［96］ZHANG Y, LI S. Modelling and Monitoring between – mode Transition of Multimodes Processes ［J］. IEEE Transactions on Industrial Informatics, 2013, 9 (4): 2248 – 2255.

［97］魏华彤. 基于数据驱动的间歇过程监控方法研究 ［D］. 北京: 北京化工大学, 2013.

［98］常鹏, 王普, 高学金. 基于核熵投影技术的微生物制药生产过程监测 ［J］. 信息与控制, 2014, 43 (4): 490 – 494.

［99］ZHAO C，WANG F，MAO Z，et al. Adaptive Monitoring Based on In-dependent Component Analysis for Multiphase Batch Processes with Limited Model-ing Data ［J］. Industrial & Engineering Chemistry Research，2008，47（9）：3104 – 3113.

［100］GE Z，SONG Z. Online Monitoring of Nonlinear Multiple Mode Proces-ses Based on Adaptive Local Model Approach ［J］. Control Engineering Practice，2008，16（12）：1427 – 1437.

［101］YU J，CHEN J，RASHID M M. Multiway Independent Component A-nalysis Mixture Model and Mutual Information Based Fault Detection and Diagnosis Approach of Multiphase Batch Processes ［J］. AIChE Journal，2013，59（8）：2761 – 2779.

［102］VERDE L，HEAVENS A F. On the trispectrum as a gaussian test for cosmology ［J］. The Astrophysical Journal，2001，55（3）：1 – 14.

［103］FRALEY C，RAFTERY A E. Model – based clustering，discriminant analysis，and density estimation ［J］. Journal of the American statistical Associa-tion，2002，97（458）：611 – 631.

［104］CHAPEAU – BLONDEAU F. Nonlinear test statistic to improve signal detection in non – Gaussian noise ［J］. Signal Processing Letters，IEEE，2000，7（7）：205 – 207.

［105］ALDRICH C，AURET L. Overview of Process Fault Diagnosis ［M］. Springer London，2013：17 – 70.

［106］SARI A H A. Fault Detection in Multimode Nonlinear Systems ［M］. Springer Fachmedien Wiesbaden，2014：31 – 46.

［107］TIAN Y，DU W，QIAN F. Fault Detection and Diagnosis for Non – Gaussian Processes with Periodic Disturbance Based on AMRA – ICA ［J］. Industri-al & Engineering Chemistry Research，2013，52（34）：12082 – 12107.

［108］JIANG Q，YAN X. Probabilistic Monitoring of Chemical Processes U-sing Adaptively Weighted Factor Analysis and its Application ［J］. Chemical Engi-neering Research and Design，2014，92（1）：127 – 138.

［109］ZHU Y C，YU T，WANG J L，et al. A Fermentation Process Monitoring Method Based on Kernel Independent Component Analysis [J]. Journal of Beijing University of Chemical Technology (Natural Science Edition), 2014, 2 – 14.

[110] MA H, HU Y, SHI H. Fault Detection and Identification Based on the Neighborhood Standardized Local Outlier Factor Method [J]. Industrial & Engineering Chemistry Research, 2013, 52 (6): 2389 – 2402.

[111] GE Z, SONG Z. Multimode Process Monitoring Based on Bayesian Method [J]. Journal of Chemometrics, 2009, 23 (12): 636 – 650.

[112] SONG B, SHI H, MA Y, et al. Multisubspace Principal Component Analysis with Local Outlier Factor for Multimode Process Monitoring [J]. Industrial & Engineering Chemistry Research, 2014, 53 (42): 16453 – 16464.

[113] PENG K, ZHANG K, HE X, et al. New Kernel Independent and Principal Components Analysis – based Process Monitoring Approach with Application to Hot Strip Mill Process [J]. IET Control Theory & Applications, 2014, 8 (16): 1723 – 1731.

[114] FACCO P, DOPLICHER F, BEZZO F, et al. Moving Average PLS Soft Sensor for Online Product Quality Estimation in an Industrial Batch Polymerization Process [J]. Journal of Process Control, 2009, 19 (3): 520 – 529.

[115] GE Z, SONG Z, GAO F. Nonlinear Quality Prediction for Multiphase Batch Processes [J]. AIChE Journal, 2012, 58 (6): 1778 – 1787.

[116] GE Z, SONG Z, GAO F, et al. Information – Transfer PLS Model for Quality Prediction in Transition Periods of Batch Processes [J]. Industrial & Engineering Chemistry Research, 2013, 52 (15): 5507 – 5511.

[117] GE Z, SONG Z. Nonlinear Probabilistic Monitoring Based on the Gaussian Process Latent Variable Model [J]. Industrial & Engineering Chemistry Research, 2010, 49 (10): 4792 – 4799.

[118] ZHANG Y, HU Z. Multivariate Process Monitoring and Analysis Based on Multi – scale KPLS [J]. Chemical Engineering Research and Design, 2011, 89 (12): 2667 – 2678.

[119] GE Z, ZHAO L, YAO Y, et al. Utilizing Transition Information in Online Quality Prediction of Multiphase Batch Processes [J]. Journal of Process Con-

trol, 2012, 22 (3): 599 – 611.

[120] HALSTENSEN M, AMUNDESEN L, ARVOH B K. Three – way PLS Regression and Dual Energy Gamma Densitometry for Prediction of Total Volume Fractions and Enhanced Flow Regime Identification in Multiphase Flow [J]. Flow Measurement and Instrumentation, 2014, 40: 133 – 141.

[121] ZHANG Y, YANG N, LI S. Fault Isolation of Nonlinear Processes Based on Fault Directions and Features [J]. IEEE Transactions on Control Systemls Technology, 2014, 22 (4): 1567 – 1572.

[122] ZHOU D, LI G, QIN S J. Total Projection to Latent Structures for Process Monitoring [J]. AIChE Journal, 2010, 56 (1): 168 – 178.

[123] GANG L I, Si – Zhao Q I N, Yin – Dong J I, et al. Total PLS Based Contribution Plots for Fault Diagnosis [J]. Acta Automatica Sinica, 2009, 35 (6): 759 – 765.

[124] LI G, LIU B, QIN S J, et al. Quality Relevant Data – driven Modeling and Monitoring of Multivariate Dynamic Processes: The Dynamic T – PLS Approach [J]. IEEE Transactions on Neural Networks, 2011, 22 (12): 2262 – 2271.

[125] LI G, ALCALA C F, QIN S J, et al. Generalized Reconstruction – based Contributions for Output – relevant Fault Diagnosis with Application to the Tennessee Eastman process [J]. IEEE Transactions on Control Systems Technology, 2011, 19 (5): 1114 – 1127.

[126] LI G, JOE QIN S, ZHOU D. Output Relevant Fault Reconstruction and Fault Subspace Extraction in Total Projection to Latent Structures Models [J]. Industrial & Engineering Chemistry Research, 2010, 49 (19): 9175 – 9183.

[127] 孙文爽, 陈兰祥. 多元统计分析 [M]. 北京: 高等教育出版社, 1994, 397 – 402.

[128] LIEFTUCHT D, KRUGER U, IRWIN G W. Improved Reliability in Diagnosing Faults Using Multivariate Statistics [J]. Computers and Chemical Engineering, 2006, 30 (5): 901 – 912.

[129] 刘毅, 王海清. Pensim 仿真平台在青霉素发酵过程的应用研究 [J]. 系统仿真学报, 2006, 18 (16): 3524 – 3527.

［130］HU K, YUAN J. Multivariate Statistical Process Control Based on Multiway Locality Preserving Projections ［J］. Journal of Process Control, 2008, 18 (7/8): 797 – 807.

［131］WANG Z, YUAN J. Online Supervision of Penicillin Cultivations Based on rolling MPCA ［J］. Chinese Journal of Chemical Engineering, 2007, 15 (1): 92 – 96.

［132］CHEN J, CHEN H. On – line Batch Process Monitoring Using MHMT – based MPCA ［J］. Chemical Engineering Science, 2006, 61 (10): 3223 – 3239.

［133］Christianini N, Shawe – Taylor J. An Introduction to Support Vector Machines and Other Kernel – based Learning Methods ［M］. UK: Cambridge University Press, 2000.

［134］UNDEY C, TATARA E. Intelligent Real – time Performance Monitoring and Quality Prediction for Batch/fed – batch Cultivations ［J］. Journal of Bitechnology, 2004, 108 (1): 61 – 77.

［135］谢磊. 间歇过程统计性能监控研究 ［D］. 杭州: 浙江大学, 2005: 42 – 47.

［136］付克昌, 吴铁军. 基于特征子空间的 KPCA 及其在故障检测与诊断中的应用 ［J］. 化工学报, 2006, 57 (11): 2664 – 2669.

［137］BAGAJEWICZ M. On the Probability Distribution and Reconciliation of Process Plant Data ［J］. Computers and Chemical Engineering, 1996, 20 (6/7): 813 – 819.

［138］BAGAJEWICZ M. Design and Retrofit of Sensor Networks in Process Plants ［J］. AIChE Journal, 1990, 43: 2300 – 2306.

［139］YU J, QIN S J. Multimode Process Monitoring with Bayesian Inference – based Finite Gaussian Mixture Models ［J］. AIChE Journal. 2008, 54 (7): 1811 – 1829.

［140］许仙珍, 谢磊, 王树青. 基于 GMM 的多工况过程监测方法 ［J］. 计算机与应用化学, 2010, 27 (1): 17 – 22.

［141］FIGUEIREDO M A, JAIN A K. Unsupervised Learning of Finite Mixture Models ［J］. IEEE Trans. Pattern Anal. Machine Intell, 2002, 24 （3）: 381 –396.

［142］ RAMAKER H J, ERIC N M, JOHAN A W, et al. Dynamic Time Warping of Spectroscopic BATCH Data ［J］. Analytica Chimica Acta, 2003, 498 （1）: 133 –153.

［143］ SRINIVASAN R, QIAN M S. Online Fault Diagnosis and State Identification During Process Transitions Using Dynamic Locus Analysis ［J］. Chemical Engineering Science, 2006, 61 （18）: 6109 –6132.

［144］ 王振恒, 赵劲松, 李昌磊. 一种新的间歇过程故障诊断策略 ［J］. 化工学报, 2008, 59 （11）: 2837 –2842.

［145］ CAMACHO J, PICO J. Online Monitoring of Batch Processes Using Multi – phase Principal Component Analysis ［J］. Journal of Process Control, 2006, 16 （10）: 1021 –1034.